紫图图书 出品

乐观和爱
才是生活的解药

[日]名取芳彦 著

赖诗韵 译

图书在版编目（CIP）数据

乐观和爱才是生活的解药 /（日）名取芳彦著；赖诗韵译. -- 成都：四川人民出版社，2025.5. -- ISBN 978-7-220-12955-1

Ⅰ.B821-49

中国国家版本馆CIP数据核字第2025RE6576号

「あきらめる練習」（名取芳彦）

Akirameru Renshu

Copyright © 2017 by Hogen Natori

Original Japanese edition published by SB Creative Corp., Tokyo, Japan

Simplified Chinese edition published by arrangement with SB Creative Corp. through Japan Creative Agency Inc., Tokyo

四川省版权局著作权合同登记号：图进字21-25-70

LEGUAN HE AI CAISHI SHENGHUO DE JIEYAO

乐观和爱才是生活的解药

[日] 名取芳彦 著　　赖诗韵 译

出版人	黄立新
统　筹	郭　健
责任编辑	陈　纯
监　制	黄　利　万　夏
营销支持	曹莉丽
特约编辑	曹莉丽　鞠媛媛　杨佳怡
版权支持	王福娇
责任校对	林　泉
装帧设计	紫图图书ZITO®
插　画	阿　喵
出版发行	四川人民出版社（成都三色路238号）
网　址	http://www.scpph.com
E-mail	scrmcbs@sina.com
新浪微博	@四川人民出版社
微信公众号	四川人民出版社
发行部业务电话	（028）86361653　86361656
防盗版举报电话	（028）86361653
照　排	紫图图书ZITO®
印　刷	艺堂印刷（天津）有限公司
成品尺寸	130mm×185mm
印　张	7
字　数	123千
版　次	2025年5月第1版
印　次	2025年5月第1次印刷
书　号	ISBN 978-7-220-12955-1
定　价	59.90元

■版权所有·侵权必究

本书若出现印装质量问题，请与本公司部联系调换

电话：（010）64360026-103

前言

放弃前要看清事情本质

事情没有做到最后,半途而废,叫作"放弃",日文写作"諦める"。这个词语,给人遗憾、痛苦、郁闷和空虚的感受,大家都不太喜欢用。

不过,翻开字典查询"谛"这个字,却都是很正面的解释,完全没有负面的意思。看来,"諦める"并没有我们想的那么不好。

"谛"字右边是"帝",在象形文字中是三条垂坠的线束在一起的样子,意义引申为:

1. 把事情弄清楚。多方观照，辨明真相。

2. 真实。综观整体，洞察真相。

简单来说，就是"看清"（明らかにする）的意思。好像东西被光照得很清楚，真相大白。这里的"看清"，表示毫无疑问、明明白白。意思是：明白真理并觉悟。

也就是说，在日语中，"放弃"与"看清"其实是同一个意思。以前的人，是在"看清"事情的真相后，得以"放弃"。即使希望长生不老，也要明白"人只要生下来，就会变老"，放弃、断绝长生不老的念头，并接受"人终究会老"的事实。

不过，到了近代，"諦める"这个词，已经失去"看清事情本质"的前提，单纯变成放弃的意思了。随着时代的变迁，语言也发生了变化。但是，明明只要经过"看清"的过程，就可以干脆地"放弃"啊！可是后人却常常忽略了看清的环节，真是可惜。

认清事实，
才不会讨厌自己

为了干脆利落地放弃，应该要看清什么呢？

首先，要观察事物和自己内心的状态。例如，原本约好的户外活动，却因为下雨去不成。这时，要放弃很想去的户外活动，首先得明白"天气不可能改变"的事实。如果没有看清这一事实，就会懊恼不已，一直抱怨"为什么偏偏这时下雨了""亏我还特地做了准备"。

再以我的经验为例。放弃减肥时，必须先明白"我生而为吃，现在想吃的欲望胜过一切"。大家常说："男人因为不想死而减肥，女人为了减肥可以豁出性命。"现在的我，比起减轻身体的负担，更重视减轻心灵的负担。只要明白这些道理，就不会陷入自我厌恶，觉得"我减不了肥很没用"，即使被别人骂"没有毅力"，也很心安理得。

有些人，即使仔细观察了事态，还是无法放弃。这样的人，也只能让他继续尝试，直到他看清事实为止。他必须不断尝试，直到遭遇挫折、累得筋疲力尽，才可能放弃。

要对喜欢的人死心，除非彻底明白就算自己爱到粉身碎骨，对方也不屑一顾，才有放弃、死心的可能。如果不明白"感情勉强不来"的道理，就无法选择放弃。

想要放弃不如意的工作，只能尽力一搏，做得彻底。拼尽全力后还是以失败告终，才可能明白失败的原因。"原来那个环节不能那样处理，难怪会失败。这也是没办法的事。"于是才会选择放弃，转向新的目标。

没办法，这件事就是这样，别再纠结

如果觉得"看清"一词很难理解，想成"理所当然、没办法"也可以。

被别人说了坏话，只要想成"那个人说别人的坏话才会有优越感，所以理所当然会说我的坏话"，就不会再放在心上。

自己做了正确的事，却不被理解，不妨想成"对方的理解能力有问题，所以不懂"（但是我不建议你们把对方当傻瓜）。"对方似乎觉得还有其他正确的观点，所以当下自然不会采用我的意见"，如果可以意识到这一点，就不会觉得焦虑、烦躁。

如果被挫折击垮，导致不得不放弃，就不可能轻易振作起来。如果想要重新振作，就必须明白自己为什么会遭遇挫折。明白"自己真的无计可施"，然后彻底放弃。每次重新振作，就会明白"原来这件事就是这样"，从而学到宝贵的经验。

本书想告诉大家，我们平时遇到的问题，它们的本质是什么，要如何看清并进而放弃。本书所谈的放弃，有"看清"和"放下"两种含义。

书中列举的事例，大多是我亲身经历的放弃过程，或许不完全符合你的情况，但是希望你可以从这么多的事例中，领悟到放弃的方法。

希望这本书能帮助大家把纠结于心的事情彻底放下，踏出新的一步。

目 录

Chapter 1

你的困扰，都是自己想象出来的

01	世上所有事，都是因缘际会的结果	002
02	人际关系像美味料理，复杂才有趣	004
03	与人相处，经常赢了道理，却输了现实	007
04	"请帮帮我"——人生的百忧解	010
05	一旦做出决定，就要舍弃其他选项	012
06	苦海的源头，是总想如己所愿、随心所欲	014
07	内心的坏天气，靠自己放晴	016

Chapter 2

放弃，是入世的实践，
　　　不是出世的哲学

08	你要当好人，不是为谁当好人	020
09	远离爱投机取巧的人	022
10	我理解你的想法，但我不认同	024
11	与其人见人爱，不如我看谁都可爱	027
12	当你祈求回报，就会不甘心	029
13	今天就努力到这里，不要勉强自己	031
14	忍耐不能永无止境，要有目标	033
15	网络阴谋论，让人变得不快乐	035
16	不用失望，人本来就出乎意料地容易背信	037

17	关于逆境，有一天你要笑着说给别人听	040
18	放弃，先不要否定结果	042
19	手机、邮件、社交网站，别成天挂在上面	044
20	无论肚子还是心灵，八分饱就好	046
21	志气是自己的事自己解决	048
22	总跟一群人一起混，你不会进步	050
23	做与不做，你都会后悔	052

Chapter 3

放下，很难；
转念，就不难了

24	欲望就像盔甲，穿太多就走不动了	056
25	世上没有完美，接受"这样就好"	058
26	有实力的人，从不害怕重复	060
27	多才多艺的人，都从精通一项技能开始	062
28	执着很好，过头了就不好	064
29	一个人能完成的事有限，与人合作才有趣	066
30	环境是人的共业，仅凭一己之力很难改变	068
31	行程表不要排太满，留时间放空	070
32	不要计较划不划算，买到的都是最好的	072
33	怎么分辨世间善恶	074

34	正确答案只有一个的人生很无聊	076
35	了解流行,但不要追着它跑	078
36	如何放下?先认清自己还放不下	080
37	你的不安,多半来自你贪心	082
38	永远说实话,就不用记得自己说过什么	084
39	一个人知不知足,从冰箱就能判断	086

Chapter 4

无坏不显好，这就是人生

40	遇到不如意，先想"这不是我的错"	090
41	过去无法改变，但可以抹除回忆	092
42	面对悲伤的五阶段理论	094
43	讲人坏话就像回旋镖，最后会伤到自己	097
44	看清死亡，好好活一场	100
45	不想纠结，就弄清楚自己害怕的原因	102
46	为了坚持而坚持，其实是逞强	104

47	好心会有好报,这种说法很功利	106
48	躲不掉的事,就正面迎击吧	108
49	等待是好事,但要设定期限	110
50	愚痴,可以抒发情绪,但改变不了事实	112
51	讨厌就说讨厌,开心就说开心	114
52	金钱是维持生活的手段,手段不能成为目的	116
53	我的"随便锅"配上妻子的"认真盖"	118
54	疑心也是人生一大"苦"	120
55	无法反驳的孩子,内心不是悲伤,而是愤怒	122
56	身陷污泥,如何绚烂绽放	124
57	想要到彼岸,就赶紧渡河	127
58	总想维持现状,你很难做自己	129

Chapter 5
一加一只会等于二，这就是放下

59	说大话未必是坏事	134
60	不要跟人比较，自己就很好	136
61	赢的人和输的人，都不开心	139
62	低调却不张扬，才是真本事	141
63	你以为的安定，最不安定	143
64	觉得别人不认同你，就倾听自己内心的声音	145
65	夫妻吵架，连狗都不理	147
66	这些警示，你能做到几个	149

67	"希望别人懂我"是强人所难	151
68	想得到更多称赞,评价反而会变差	153
69	羡慕是好事,嫉妒就是毒药	155
70	不要后悔之前的决定,你只是绕了一下远路	158
71	人生就像走独木桥,总得有人先靠边站	160
72	只想讲道理,没人想听你的	162

Chapter 6

乐观和爱，才是生活的解药

73	奢侈品能填补空间，却补不了空虚	166
74	尽人事之后，顺其自然就好	168
75	想也没用，不要再想，就当作不可思议	170
76	追求便利，要有"到此为止"的觉悟	172
77	自以为"正确"，只是你认为	174
78	听到批评，你是反驳派还是发怒派	176
79	晴天以外，就是"坏天气"吗	178
80	期待别人的帮助，不如自己做	181
81	不知道就说不知道，勇于承认很重要	183
82	不会说好话，那就说实话	185

83	好好活着,就是报答父母的养育之恩	187
84	变老很正常,失衡的是你的心	189
85	视若无物,方能视生死为无物	191
86	我总是跟人们说,请带孩子去扫墓	194
87	心若平静就是善,心若变乱就是恶	196
88	人生跟考试一样,只求 60 分及格就好	198

Chapter 1

你的困扰，都是自己想象出来的

任何事情都是有原因的，
再加上各种各样的缘分。
这就是"因果"法则。

01
世上所有事，都是因缘际会的结果

世上所有的事，都是因缘际会的结果。每件事都有原因，加上各种机缘，最后变成结果。你可能觉得，这听起来很理所当然吧。

为了家人（原因）而工作（缘），工作过度（缘）把身体搞坏（结果）。为了排解压力（原因）而喝酒（缘），喝酒过量（缘）导致宿醉（结果）。

这是小朋友都能了解的因果关系，但是大多数人（比如我的家人）往往把缘误以为因。把身体搞坏了，会认为是"因为工作过度"；宿醉了很痛苦，却说是"因为喝得太多"。对我来说，工作过度和喝酒过量都是缘，真正的因在别处，但是他们却不了解。期待别人能理解，真的是强人所难，只要我自己知道原因是"为了家人"和"为了排解压力"就好了。

"因果"的法则虽然简单明了,却有两项有趣的特质。

其一,缘和结果会成为新的因缘,不断产生连锁反应。我工作养家的缘,使家人产生感谢之心,继而产生了让家人充满感恩的结果;我宿醉的结果,成为一种缘,导致了肠胃药销量增加的结果。

缘和结果,之后又会变成什么样的因、缘和结果?有些能预想,但大部分都预想不到(比如我工作过度和宿醉的经验,没想到竟然可以写在这里当例子)。

其二,就是"无缘之缘"。举例而言,外出的结果,首先需要一个外出办事的缘,还需要许多自己无法掌控的缘刚好配合。比如,具备骑到车站的自行车没被偷、电车没停等各种缘,才会产生外出的结果。

因此,陷入困难的时候,要知道其中有太多不可抗力的缘在起作用。"原来如此,那就没办法了。"看清了,就彻底放弃吧。无能为力的事,烦恼也没有用,不如放轻松自在过日子吧!

02
人际关系像美味料理，复杂才有趣

人生在世，少不了人际往来，想要随心所欲地生活，并不容易。

有人需要物品，就有人制造物品；有人需要服务，就有人提供服务；有人需要帮助，就有人提供帮助。人无法独自生活，就需要结交伙伴。

错综的人际关系建构了社会。人只要活着，就免不了面对复杂的人际关系。其实，复杂也无妨。不论甜、辣、咸，如果只有一种味道，就做不了美味的料理。这就好比如果只有一个音，则谱不成优美的乐章。各式各样的东西混杂在一起，才美妙。

我担任住持的寺庙，虽然位于大都市东京，但直到现在，周围的店家也仍有总本家、本家和新家[1]的称谓，是极有共同体特性的区域。

由于同名的店家太多，如果不清楚屋号[2]，就会搞混。

我的曾祖母，是从五郎兵卫家嫁过来的。由于亲戚关系错综复杂，遇到婚丧嫁娶的场合往往很累，但是人们并不以为苦，反而乐在其中。想在自己所属的社会中愉快生活，就得接受并适应。这样的人际关系不是只有一代，而是代代相传。

这种错综复杂的共同体，套用在自己所属的组织和团体上也一样。只要是团体中的一分子，就自然会有错综复杂的人际关系。

周围的人经常酸我："你还真是我行我素，不受影

---

1 本家指的是嫡系家庭，分出去的称为新家，总本家则为各个分支的源头。——译者注（本书注释如无特殊说明，均为译者注）
2 屋号是依据一家的特征而取的称号，也有纹章化的家徽，因此屋号不同，即表示不同家。在现代，屋号多指店名、事务所名称。比如卖木桶和雨伞的店家通常是家传事业，屋号经常源于弥太郎、德兵卫等祖先的名字。

Chapter 1　你的困扰，都是自己想象出来的

响。"在大家眼里，我仿佛是生长在水泥地裂缝中的一株草，不依赖任何人，总是独来独往。

其实，为了站稳脚跟，我默默地向四周伸展了根须。这些就是我所谓的错综复杂的人际关系。

03
与人相处，经常赢了道理，却输了现实

"为什么？""怎么会这样？"人们总爱这么问，仿佛只要知道理由，就可以坦然接受。换句话说，人们找理由，只是为了接受现实。

为什么有白天和黑夜？为什么磁铁可以吸东西？为什么大象比蚂蚁长寿？为什么植物不会移动？为什么头上有发旋？诸如此类的问题，无穷无尽。

现代科学能如此发达，正是因为人类有无止境的探索心和好奇心。就连人文学科中的心理学和哲学，也会从很小的问题着手，找出理由并得出结果。

为什么人类不吃自己养的宠物呢？为什么怪兽的名

字里,常出现 GA、GI、GU、GE、GO[1]?为什么人总是在意别人的评论?人文学科的问题,也是多得不胜枚举。

不过,一般人做事,大多没什么特别的理由。家人问你:"为什么今天吃咖喱?"你只要回答:"因为好一阵子没吃了。"当有人问:"为什么要揽下自治会[2]干部的工作?"你只要回答"总得有人做吧!"就好。

如果无法接受上述理由,质疑"为什么一阵子没吃,就会变得想吃呢",这就变成脑科学研究的课题了。"担任自治会干部的大有人在,为什么是你来当?"如果进一步质疑,应该可以写出关于社会学或心理学的论文吧。

许多人很爱讲道理。或许是因为在人生的某一刻与谁争论输了,觉得很懊悔,所以变得很爱用理论武装自己。

---

1 日本曾出版书籍《为什么怪兽的名字常出现 GA、GI、GU、GE、GO》(『怪獣の名はなぜガギグゲゴなのか』),书中从脑科学、语言学等角度,探讨声音带给人的影响。
2 自治会是日本居民基于地缘关系自发组建的社区居民自治组织,也是日本社会治理的最小单元。

不过,就算道理可以使对方屈服,我们也都应该明白,现实根本就不按常理出牌。"赢了道理,输了现实"(道理上赢了,却还是得屈服于现实)的例子不胜枚举(比如在感情上,道理根本就不管用,像我就饱受夫妻争吵的摧残)。

日常生活中,我们不必总用理论武装自己。有时候,"不可思议"的意思可以解读成"不去思考和理解"。偶尔鼓起勇气、放弃思考,悠然过日子也是一件很好的事。

04
"请帮帮我"
——人生的百忧解

曾经,我与一名患抑郁症的女性谈过一次话。

"电线杆很高,邮筒是红色的,这些都是我的错。"好比常出现在落语[1]里的这段话,那名女性在言谈中不断流露出对他人的体贴和认真,把所有过错都揽在自己身上。

谈话进行到一半,我对她说:"其实你可以开口说'请帮帮我'。"

听到我这样说,她凝视着我的眼睛,突然哭得不能自已。

认真又太体贴的她,表示"明明是我的错,我怎么

---

1 落语是由坐在舞台上的落语家,即"说故事的人",描述一个滑稽的故事,类似单口相声。此处引用的句子,在落语表演中,是女性对恋人表达"什么事都赖我头上"的不满。在日本邮政系统中,邮筒都是红色的,与"电线杆很高"皆表示理所当然的事。

有脸求助别人"。她连向别人求助，都觉得有罪恶感。她说："这不只给家人造成了困扰，也给住持您添麻烦了。"

于是我询问她："如果有人陷入困境，对你说'请帮帮我'，你会帮助他吗？"

"会啊！如果我帮得上忙的话。不过，现在的我，没什么能力帮助别人。"我想或许我接下来说的话会让她觉得难堪，但我还是说了："看到别人有困难，你会帮助他，你却因为担心给别人添麻烦，而不愿意求助，我觉得这好像已经不是体贴，而是太逞强了。你为什么不鼓起勇气，对别人说出'请帮帮我'呢？"

"你说得对。即使对方无法帮助我，顶多也只是回到我独自解决问题时的状态，我觉得已经释怀多了。"

许多人不想给别人添麻烦，因此不想开口求助，什么事都想自己解决，我也不例外。但在弱肉强食的生物演化过程中，人类就是选择互助合作，才得以幸存下来的吧！

不知道这次的对话能否帮到她，但她让我意识到，凡事都想自己解决、一直很逞强的我，也可以坦然地说出"请帮帮我"。我已经可以放下凡事都想自己解决的执念了。

05
一旦做出决定，就要舍弃其他选项

以下是某场婚礼的片段。

新郎新娘入场，登上舞台。舞台的背景装饰着金色屏风，衬得两位新人光彩照人。媒人说完开场白，介绍了两位新人。之后，换主持人致辞。

"纯真又耀眼的两位新人，即将进行婚后的第一次合作，请一起切结婚蛋糕吧。带相机的宾客，请尽情拍照，把这个值得纪念的瞬间留存下来。"

在主持人的宣告下，新郎和新娘走到蛋糕前，朋友们也拿着相机，围在了蛋糕周围。

刀子切进蛋糕时，新婚夫妻露出微笑，看向相机镜头。

切完蛋糕后，新婚夫妻走回舞台，主持人接着说："在刀子切进蛋糕的瞬间，代表新郎已放弃对世上其他女性的爱情。新娘从此把新郎'占为己有'。"

听到主持人这样说，新郎也下定决心"选择其一，就要舍弃其他"。这名新郎，就是三十年前的我。

"专心致志、不动，方能行动。"所谓不动，就是祈愿"内心平静地活着"。而且，决定选择其一，就是舍弃其他，我们要有这种觉悟。

因此，"决定"同时代表这两种含义。如果不明白这个道理，就会产生迷惘、烦恼，也会因为有"或许选别的比较好"的想法，而无法坦然行动。

日常生活中，选择早餐的样式、打招呼的方式，甚至是工作的安排，都是从众多的选项中，排除其他选项，选择其一，才得以继续进行。升学、就职、结婚、离婚，以及生病选择治疗方法时也是一样。

决定，也就等于舍弃其他选项。一旦下定决心，就迈步前进吧！

06
苦海的源头，是总想如己所愿、随心所欲

"苦"的定义简单明了，就是"不能如愿"。我们会产生负面情绪，都是因为不能如愿。

这个世界上的所有事情并不会如你所愿。天气不会配合你的想法；人际关系也无法随心所欲。因此，如果期待凡事尽如人意，那我们的一生，将永远陷入苦海之中。

人生会有诸多的苦，因为我们的心是很多"自我期望"的结合体。自我期望太多，所以产生了苦。顺带一提，会产生苦的自我期望，称为"烦恼"（明明不如意，却不觉得苦，那就不是烦恼）。

如何才能消除人生的苦？只要消除"凡事想要尽如己愿"的烦恼就好。

不看清事物的本质,就无法放弃。在如今的竞争社会中,如果不先看清本质,只一味地盲目放弃,反而会觉得压力更大,衍生出更多痛苦。

对我来说,当我产生负面情绪时,我会先针对自己的期望,反复思考"我究竟想要什么",并思考自己的期望是否合理。多亏了这个方法,我的苦少了许多。

07
内心的坏天气，靠自己放晴

花了不该花的钱，觉得很后悔；工作不顺利，内心焦躁难耐；听到讨厌的话，内心感到厌恶；人际关系不如意，觉得焦虑不安。

这些感受，都不是他人强加给你的，而是你自己制造出来的。

当我们遇到事情，产生意识的同时，事件就被储存为记忆。如果把事件比喻成玻璃弹珠，记忆就像玻璃弹珠咚的一声，掉进内心的盒子里。玻璃弹珠如果有刺，就会刮伤盒子内壁。如果有刺的玻璃弹珠有很多颗，那盒子就会变得伤痕累累。

我们的内心会产生不满的情绪，通常都是因为出现了有刺的玻璃弹珠。

但是，有些人的玻璃弹珠却不会有刺，他们觉得把钱花在非必要的事物上，是一种至上的奢侈感；同样是处理困难的工作，他们觉得很有成就感；即使听到了讨厌的话，也觉得"那种人就是会讲出那种话""能讲出那种话的人，反而很可悲"；即使人际关系不如意，也认为"彼此还不熟悉，这也是没办法的事"。

所有的现象和认知，都是自己心的问题。用干净的心来看待，任何事物都很美好；用充满烦恼的心来看待，一切都会变成苦恼。

该怎么做，才能让投入心中的玻璃弹珠不带刺？首先，你得明白"世事不会总如己愿"。

遇到讨厌的事，不要想"这种事，谁都会觉得讨厌吧"，或者不要牵扯别人，先以自己为出发点思考"别人怎么想我不知道，至少我觉得很讨厌""为什么我会这样想呢""为什么我把那件事想得这么严重"，否则你的一生将抱怨不断。

内心的坏天气，要靠自己放晴！

Chapter 2

放弃，是入世的实践，
　　不是出世的哲学

人们似乎经常把

"明白、理解"和"认同"混为一谈。

"选择"　　"信仰"

08
你要当好人,
不是为谁当好人

有位女性,婚后与丈夫、两个孩子及公婆同住。她把家庭经营得很好,是贤妻良母的典范。婆婆去世后,她不仅能召集家族所有人去扫墓,而且与亲戚之间也相处得很融洽。

但是,在公公去世后,原本一直支持她的丈夫,也许是无法承受家庭责任的重压,表现出窝囊的样子,还不顾一切地与亲戚断绝往来,对一切都敷衍了事。孩子们已经升上高中,不再像以前那样,凡事都需要她照料了。于是,这位女性看着公婆和祖先们的遗照,不住感叹自己的处境。"我已经倾尽全力,扮演好儿媳妇、妻子和母亲的角色,但这些好像都成为泡影。我的人生究竟有什么意义?"

一直以来,她的人生都以当好儿媳妇、好妻子和好母亲为目标。不过,在公婆去世后,好儿媳的目标没了;丈夫也对她爱搭不理,好妻子的成就感变得越来越薄弱;孩子们也长大了,能够独立自主,再也不需要她出面帮忙了,她不得不承认,原来她一直以"孩子的依靠"自居,其实孩子才是她的依靠。

如今,"成为好人"和"当好人",已经不再是她生活的目标了。她感觉自己已经走投无路,于是,我对她说了下面一番话:

"以往你把容易消逝和变化的东西当作目标,现在你总算明白了,一直以来,你都在追求为他人付出的成就感和成果。现在,你也该放下了。

"对他人有贡献,是支撑你人生的坚强依靠。即使丈夫对你冷淡,孩子长大能独立自主,你还是对他们有所贡献。或许你没有意识到,从你出生开始,就一直有贡献,以后也一样有贡献。

"该从'为谁当好人'的阶段毕业了。请自己创造出'我为自己好'的目标,也就是擦亮自己的心。一旦心擦亮了,就不会再蒙上灰。"

09
远离爱投机取巧的人

你的周围,有多少善于钻营的人?我的周围有两三个这样的人。这些人总是想投机取巧,结果往往是自食其果。至于包含我在内的其他人,则从来不曾有过这样的念头。

这种投机取巧的人,为维护、求取自身利益,经常表里不一。清楚他平时言行的人,都知道他对上阿谀奉承、对下颐指气使,是态度迥异的双面人。

当事人为了保全自己而处心积虑,根本没有察觉到别人已经看清他的为人。因此,无论他如何拼命钻营,也得不到信任,周围的人只会嘲讽:"谁知道他私底下在打什么鬼主意?"

另一种类型,就是事情做得很勉强,总是不断抱怨:"我真是命苦啊!""人在屋檐下,不得不低头啊!"试图博取周围人的同情。这类人只顾着博取同情，并没有意识到自己正在告诉别人"我是个窝囊的家伙"。

我看清了这些为了保全自己而四处钻营、取巧的人，也实在很难认同这种处世方式。而那些处事周到，既不会失去信用，也不抱怨的人，又是怎样的呢？

他们大多不求自己的利益，不会只想到自己。他们关心别人，不会忤逆长辈，也不会种下无谓争端的因；如果是长辈，或许有时候会对晚辈摆点架子，却是出于关心，而不是为了显示权威。他们有话直说，不会在背后说悄悄话，很坦荡，不会找借口。不知不觉中，他们获得了长辈的关爱，以及晚辈的信赖。

在失去他人信任、变得疲惫不堪之前，放弃凡事钻营、投机取巧的生活方式吧！

10
我理解你的想法，但我不认同

我曾经为70名小学生演讲，教他们对生命要怀有谦卑之心。

夏天恼人的蚊子，为了生存和繁衍后代，要吸食人类的血。当我们看到停在手臂上吸血的蚊子时，往往只想一巴掌拍死它。但是，我告诉他们：

"假设叔叔我是蚊子，正为了生存而吸血，突然有只巨大的手逼近，要把我打死，当下我应该会想：'难道我做了什么罪该万死的事吗？'你们和我，即使被蚊子叮了，也不会死，只会觉得有点痒，擦点药，过几分钟就不觉得痒了吧？"

这时，有个四年级的男孩说："不能这样说，被蚊子叮了还是有可能会死人的。"

我想,他知道有些疾病的传播是以蚊子为媒介的。不过,当时我不是在讲那种极端的例子,而且出于礼貌,他应该等我继续讲下去。(这个话题,我希望引导孩子们的心灵产生大转变:如果终究要杀死蚊子,那是在心里骂蚊子"坏东西"后杀死它,还是说声"对不起"后杀死它?)

男孩在我说话的时候,一直散发出"快认同我"的渴望。虽然觉得男孩很可怜,但是考虑到其他热切听我说话的孩子,所以我无法配合他。而且,当下我心里想的是"我懂你的想法,但我不认同"。

我懂男孩期待被人关注的心情,但是我不认同他的做法。

人们似乎经常把"明白、理解"和"认同"混为一谈。

"我爱你,所以我希望你也爱我""我了解你的心情""那么就请你爱我",按照这种思维,就会出现如此奇妙的对话。"我了解你的心情,但是我无法爱你",一旦把理解和认同区别看待,就会觉得难以接受。

但是，理解（understand）和认同（agree），根本就是不同的概念，最好不要混为一谈。

想要获得他人同情的人，只要能够被理解，就该觉得满足。不企求对方的认同和赞同，才可以宽心过日子。

当时我没有搭理那个男孩，直到现在，我还是想和他好好地谈一谈。

11
与其人见人爱，不如我看谁都可爱

有些人把小时候想的"人见人爱"当成理想，希望长大后能成为"人见人爱"的大人。但是，我觉得这件事应该要小心看待。

博得众人喜欢，更容易生存，因此无法自保的孩子，会勉强自己去讨人欢心（没有被好好对待的孩子，会特立独行，借此吸引大人的注意）。

有些人因为不想被讨厌，所以会刻意讨人欢心。他们压抑自己的想法和想做的事，扮演一个好人。光想想就觉得痛苦。

我的意思并不是说"不必勉强自己讨人喜欢"。讨人喜欢可以愉快地过日子，许多人经过一番努力，也可能变成人见人爱的性格。比如主动选择做别人讨厌做的事

（如扫厕所或担任组织的干部等），可以体会到成就感，生活也会过得很充实。

有些人很爱卖弄、做作，直到惹人讨厌，才反省自己根本没有考虑到别人的感受，这才总算学会为别人着想。

不过，残酷的现实告诉我们，根本没有所谓的人见人爱。一定会有人批评你"只顾自己当好人""太勉强自己""一直在讨好别人""总是抢先别人一步"等。你得看清这一点，放弃当一个被众人喜爱的人。

那么，该怎么做呢？我有一个朋友，他不是特别能干，没有特殊才能，声音不好听，外貌也完全没有优势。他一直在想：我能够做什么？后来，他告诉我："我想试着喜欢身边的每个人。这种事靠自己努力，或许可以做到。"

我对他的话深有感触。于是，"与其当讨人喜欢的人，不如当看谁都可爱的人"这句话成了我的座右铭。之后，我得以自在地过日子。

12

当你祈求回报，就会不甘心

阔违四十年，我的高中同学举办了一次同学会。宴会中，有几个人离开座位去洗手间，之后却没有回到会场，而是在另外一处有沙发的场所，开起了迷你同学会。

某个同学得知我在当僧侣，他说："我对家人说，如果哪天我离开了，丧礼简单办就好。"

他好像期待我这位"专家"表示："那样很好。"不过，他得失望了！我根据自己的经验回答他："一般来说，丧礼还是好好办比较好。因为你不是一个人生活。你有妻子、孩子，还有亲朋好友，你的人生与许多人都有交集。总会有些人，想在丧礼时到你的遗照前上香，对你说声谢谢照顾。所以，还是不要推拒这些人的心意，不然，好不容易累积的信任，往往会因此而失去。"

待我说完，一旁喝得有些醉意的女同学说："和尚这种人，还不是看钱办事。"我想，她或许吃过和尚的苦头吧。但是跟喝醉的人较真没有意义，所以当下我只是莞尔一笑，转身回到会场。

谈到修行，或许有人像她一样，只看得到金钱的"得与失"。不过，我认为修行的真正意思是"普遍施与"。如果一个人对自己的东西过于执着，认为"这是我的东西，谁也不给"，内心就无法平静。如果连帮助他人都用"施舍"的心态，认为对对方有恩而心存傲慢的话，无论做了什么，都不能称为布施。正因为布施的心是"甘愿"的，心灵才得以常保愉悦。

举身边常见的例子来说，经常听到很多人说："明明我为他做了这么多……"加了"明明"二字，就等于期望回报，也就是利益交换。"因为我爱你，所以你也要爱我"这种论点，大家可以想象会生出多少痛苦。

不求回报，放下使心胸变狭隘的"得与失"，把这种"吝啬心"换成"甘愿做"，就可以轻松愉快。

13

今天就努力到这里，不要勉强自己

已经很努力的人，不能再对他说"加油"，因为他会觉得必须比现在更努力，从而承受极大的压力。当然，我指的是那些觉得自己不能再努力，反而自我厌恶、无法坦然接受别人好意的人。

当你正拼命努力的时候，周围的人说"加油"，不是说"你现在不够努力，应该更加努力"，而是单纯的温暖的鼓励，你只要坦率地说声"谢谢"就好。

"加油"是认真的人最喜欢的话语之一，但有时候，我们也该"放弃固执己见，让心情保持愉悦"。与其皱眉拼命努力，不如微笑，以开朗的心态过日子。这句话虽然有点不负责任，却很积极正向。

"加油"在日文中写作"頑張る"。根据字典解释，是从"自我坚持"演变而来的，原意是"打起精神对抗软弱的内心"。我这里谈的是有"坚守"含义的"顽张る"，意思是"守护某物，坚守在某处不动"。但如果把坚持变成固执，不愿意移动，身心就会僵化，反而会失去自由。如此一来，周围的情形时时刻刻在变，你却无法妥善应对。就算不需要应对周遭环境或人、事、物，但若一直坚持自我到变成固执，还是会觉得疲惫不堪。因此，我们应该放弃固执的努力方式。

而且，也没有什么东西需要寸步不离的守护吧？即使有，我们也可以寻找其他方式来守护。

找到某个目标，朝着目标不懈努力，自己也要设定一个限度。比如，"今天就努力到这里"，或是"这件事，我已经尽了最大努力"。如此一来，身心才可以保持平衡。总之，不要一味地"持续"。无论是为了自己，还是为了别人，只知坚持努力，内心就会失去余裕。

不要一直勉强自己，适时平衡身心状态，再接着努力吧。

14
忍耐不能永无止境，要有目标

讲到"忍耐"这个词，很多人只会想到"忍住不做自己想做的事"吧。从小父母和老师就一直教我们"要忍耐"。因此，忍耐对我们而言，只有强制和压抑等负面印象。所以，我们会觉得"忍耐很讨厌"。至少，我以前是这样想的。

"忍耐"在日文中写作"我慢"。"我慢"的大致含义，是把不存在的自己视为中心，因而生出自大心，出现傲慢、自命不凡的表现。随着时间的推移，日本开始把这个词的意思，由倔强、固执己见转换成忍耐。

身为僧侣，无论何时、发生何事，内心都要以常保平静为目标。成为僧侣后，我必须清除内心的杂念。因此，对于"忍耐＝强制压抑"这件事，我也想好好面对。

我也慢慢发现"忍耐"很有意思。

第一，忍耐必须有一个目标。忍耐严酷的修行，目标就是悟道。反过来说，如果没有目标，就无法忍耐。孩子无法忍耐，是因为缺乏"忍耐才可以得到、想成为什么"的目标。

第二，为了达成目标，有些事必须忍耐着不去做；就算必须忍耐，有些事也一定得做。

年轻时候的我，以为忍耐没有目标，或是就算自己有想做的事，也必须忍住不去做。不过，自从我明白忍耐的真谛后，遇到真正该忍耐的时候，我会很干脆地接受。

必须忍耐着不去做某些事，以及必须忍耐着做某些事，就好比一双翅膀，带领我们飞向目标。

15

网络阴谋论，
让人变得不快乐

我有一个朋友，觉得每件事都藏有阴谋。不只政治、经济方面，就连一般的事件，他都热切主张其中必有阴谋。而他获得的信息，都是从网上看来的。当你在网上查询一件事，就会陆续出现类似的信息，不知不觉中，你被迫接收了许多无用的信息，而且你没有察觉到自己浏览的是观点较为偏颇的信息。

与他聊天时，对于结婚、生了两个女儿，甚至是当天的天气，他都可以解释成阴谋。渐渐地，周围的人不再和他聊天了。当然，对他来说，没有人和他说话，也是某种阴谋。

面对无法理解的事，我们都会想办法接受。阴谋论就像是为我们提供明确解释的万能王牌，什么都套上阴谋论，感觉很痛快吧？不过，大多数人所谓的阴谋论只是想找个理由让自己能接受罢了。

手机被普及以前，在车站互约见面的人，会在车站设置的留言板上用粉笔写下"10点半，花子，我先离开了。太郎留"等信息。虽然现在已经不流行这样做了，但是如果要传达信息，其实这种方式就足够了。

以前的信息少，大家不也都活得好好的吗？从那个时代走过来的人，不觉得非要有智能手机，也不热衷于每天都泡在大量的信息里，使情绪大受影响。"网络盛传"这种话，其实就是"没有人需要负责任"的意思。

一旦被卷入繁杂的信息洪流中，眼睛和耳朵都会被庞大的信息淹没。自己是谁？真正想做什么？这样下去真的好吗？这些人生中真正重要的事，都变得看不见、听不到了。

被不知道正确与否、模棱两可的信息搞得心烦意乱、疲惫不堪时，找一天把手机和电脑关掉吧。如果出现戒断症状，就代表你受信息的荼毒太深了。

无论是信息还是他人的评论，你都不要追着跑，而是要把它们抛诸脑后，让它们跑着追你才对。

16
不用失望，
人本来就出乎意料地容易背信

自从到檀家寺[1]担任住持，我深刻体会到人与人之间建立信赖关系有多么重要。

举办丧礼和法事的时候，我会与主人家的亲戚和邻居谈话，听他们谈论逝者与他人往来的逸事。这些人把逝者的生命价值放大了很多倍，使逝者在生前建立起来的信赖关系得以延续。

信赖要不断延续下去，很难。

几百年累积起来的信赖，只需一代人就可以将其破

---

[1] 日本江户时代为贯彻基督教禁令，幕府赋予佛教寺院管理民间户籍的权限，以家族为单位，又称为檀家，规定人出生、搬迁、结婚和死亡等，都必须到所属寺院登记，并禁止个人擅自脱离或更换寺院。这类寺院即为檀家寺。

坏殆尽。只要一次，或是半天时间，就可以让积攒多年的信赖关系土崩瓦解。

为什么说信赖很重要？如果没有信赖，要生存在世上极为辛苦。请想想看"我对你没有信赖、我不相信你"，到这种地步时，你就会变得孤立无援。

因此，我们必须重视信赖和信用。

与朋友交往也是一样。信赖关系的建立，不是一朝一夕就可以实现的。要确定彼此是否足够信赖，需要很多时间，一起经历许多事（所以，看到那些只见一次面，就兴高采烈地表示"我们是灵魂伴侣"的人，我真是替他们担心）。

有些善良的人，相信他们信任的人不会背叛他们。但很遗憾，人总是出乎意料地容易背信。因为人一直在改变。

原本关系要好的朋友，交到更亲近的朋友之后，也可能会疏远你。例如，你与认为是好友的 A，一起说 B 的坏话，借此消除心中的不快。后来，A 与 B 的关系突然变得很好，A 就可能对 B 说："那个人一直在说你的坏话。"因为 A 已经变了。状况变幻莫测,你根本无能为力。

信赖就像海岸边打造的沙堆,只要海浪来袭,马上就轰然崩塌,根本不堪一击。耗费十年建立的信赖一旦瓦解,想要重新建立,得花上两倍以上的时间。

所以,我们会在不同的时间点,同时建立很多个信赖的沙堆,这就是人际关系。如此一来,万一有一个沙堆崩塌,就可以选择放弃重建,转而把其他信赖的沙堆再堆大一些。

17
关于逆境，
有一天你要笑着说给别人听

大家都懂"祸福相依"和"乐极生悲、苦尽甘来"的道理，但身处顺境时并不会想到，或是不愿意去想"不会一直这么顺利，总有可能发生不好的事"。

遇到逆境时，明明知道"没有停不下来的雨"，却对当下困住自己的雨感到无计可施，变得郁郁寡欢，一味地抱怨"雨究竟何时会停"。

要是幸福的时候，不会去想"为什么我这么幸福"，那么在不幸的时候，就不要去想"为什么我这么不幸"。这是我大学时看过的一段话，那时候我才知道自己一直以来有多么不懂事。只会在不如意的时候疯狂抱怨，而凡事顺心如意时，却不知心存感激。

佐田雅志[1]的歌曲《甲子园》中，有一段歌词描述：

1　日本歌手、词曲创作人。

在夏季甲子园[1]出赛的高中大约有4000所，优胜校是从没输过的队伍；让人庆幸的是，其他输掉比赛的队伍，都只会输一次而已。佐田雅志的想法，应该是想用一个公平的角度来看待事物吧。

在学习的过程中，我察觉到一个现象：事情的发生需要许多缘的聚合，连"没有发生的事"都包含在内。我能有这种觉察，或许是因为我能从不同的角度进行思考（比如，这本书在你手上的缘，也包含我在完成这本书之前都没有死，而你没有去读其他书的缘）。

万事万物，往往牵涉到某些与我们没有直接关系的缘，就算我们再怎么小心留意，也可能发生许多无能为力的事。因此，人即使在顺境中，也要有"人生不会总是很顺利，顺境不可能长久持续"的觉悟。即使顺境真的变成逆境，也要试着接受并释怀，不要惊慌失措。

即使身处逆境，只要在心中告诉自己："这段经历，总有一天我可以笑着说给别人听。"就会拥有挺过逆境的勇气。

---

1 日本的全国高级中学棒球锦标赛，每年8月在兵库县西宫市阪神甲子园球场举行，因此俗称"夏季甲子园"。甲子园在日本具有极高的地位和广泛的影响力。

18
放弃，
先不要否定结果

"无能为力"是放弃时最常说的话，有时也表示"那就算了""我不管了"，类似于自暴自弃。虽然说"无能为力"，但其实，问题还是有解决的可能。

"为什么事情会变成这样呢""这也是没办法的事吧""不过，总会有办法的吧""那就再加油看看""但是，再怎么加油也没用""那该怎么办""果然还是没办法了吧"，像这样的内心对话，我也有过很多次。

有些人即使只有可能性，也不放弃。在落语家立川志之辅的落语表演《绿色窗口》(『みどりの窓口』) 中，就出现了这样的人，让柜台售票员和居酒屋老板大感困扰。这个人听到指定座位已经售完，就抱怨"应该还有国会议员的预留座位吧"；在居酒屋点了菜单上的某道菜，被老板告知"很不巧，今天食材已经断货了"，他居然回了一句"断了就接上啊"这种莫名其妙的话。

问题发生的时候,如果不看清本质就无法放弃。这里跟大家分享我的亲身经历。在人很多的超市排队结账,看到某个收银台的结账速度很快,便去那个收银台的队伍排队,中途却遇到收款机换收据纸,反而落得最晚才结账。

这件事虽然微不足道,但对我来说也是一个问题。面对这种情况,为了让自己觉得是因为"没有其他办法"而必须放弃,就要先明白问题的本质——收据纸是消耗品,终究会用完,换收据纸也需要时间;没料到这种情况,是自己的错;无论收银台结账的速度快或慢,都能买到东西;早结账或晚结账,也就差两三分钟而已;排到结账比较慢的队伍,这些事实并不会改变。一旦明白了这些事实,了解无论排在哪个队伍结账都没多大差别,就不会为了哪个队伍结账比较快而东张西望。

想要放弃,首先就是不否定结果(现实),要接受它。接着,思考事情发生的原因。这大约只需要一分钟的时间。一分钟就可以做到的事不去做,反而被无止境的问题困住,这样的人生不管给你多少时间,内心也无法平静。

19
手机、邮件、社交网站，别成天挂在上面

频繁打电话、发电子邮件，或是很爱在社交网站上发文的人，往往是不找人聊天就会感到寂寞，或是很喜欢表现自己的人。也有一些是很有礼貌的人，他们认为不回复别人的信息是很失礼的事。

假如是为了工作而使用这些通信工具，那倒无可厚非；但如果私底下很爱用社交网站与人联络，那就极有可能处于不健康的精神状态了。

练习骑自行车的时候，如果没有人扶着自己，就会因担心摔倒而感到不安（处于不健康的精神状态）。同理，不与人保持联系就感到不安的人，或许就是精神上无法独立。还无法自立时，一定会需要别人的支持，但是必须同时意识到，自己这样是无法自立的。承认"自己还不够强大"需要勇气，但是如果看不清这些事实，

一直依赖别人,就会变得"社交疲劳"。

我常告诉大家,要发现日常生活中的美好事物,并充实地度过每一天。所以,我几乎每天都会更新博客,跟大家报告我的实践情况。在博客中收到网友的评论,刚开始我会一一回复,但是我的回复又会收到新的评论,一直持续这种你来我往的交流,简直就像在开会。

我想,没有任何组织是不做事只开会的吧?会议的目的,在于确认工作方向或工作进程,以及进行意见调整。而会议结束后,不知道自己要做什么的人,会留在会议室询问:"刚刚谈的内容,结果怎样呢?"电子邮件和社交网站上一来一往的过程,让我觉得自己就像会议后留在原地的人一样。因此,我规定自己回复评论的时间不超过30秒。如果不这么做,我就没有时间磨炼自己,也没有时间做自己该做的事。

网络社交成瘾,就好像24小时都在开会一样。我们应该早点脱离成瘾,学会自立,做自己该做的事。那些走出会议室比你早的人,都拼命去处理自己该做的事,以及自己想做的事了。

20
无论肚子还是心灵，八分饱就好

与人谈话，觉得对方讲的话难以置信时，我会随口说出："你该不会是胡诌的吧？"若对方听了不知该如何是好，我就会若无其事地说："啊，请继续说下去。"若对方一开始就在胡说八道，我就会跟着乱说。

"名取先生，您现在发展得很好，帮助了很多人，请您一定好好保重身体，才能继续帮助更多的人。"听到别人这么说，我不知道他到底是要我保重身体，还是要我拼命工作。当然，他应该是觉得我总是卖命地工作，出于体贴而表示："就算我要您休息，您也不会休息吧？所以只能请您保重身体。"

"饭吃八分饱，医生不用找。"这是自古以来流传的一句话。虽然没有医学研究证实，餐餐吃饱会对健康有害，但是我认识的某位医生根据他的知识和经验表示：

"这句话或许值得科学检验。"

即使是不懂医学知识的普通人,也知道吃太饱会导致血糖上升太快,让人想睡觉。而消化系统为了消化胃里满满的食物,必须全力运作到筋疲力尽。再加上吃太多极可能导致肥胖,一旦肥胖,很多疾病就会找上门来。

我想,心灵也是一样。如果追求"恒常满足的状态",就会精神紧张,觉得"有自由的时间,那就去玩吧""什么都不做太可惜了,找个地方出去走走,或是工作吧",不顾一切把心和时间的空隙填满,让自己疲惫不堪,还一味逞强说"满足明明是好事,怎么会喊累",却没注意到内心在呐喊:"让我休息吧!让我清静一下吧!"

自我启发类的书籍,都在告诉我们"要愉快地生活""生活就是要做自己喜欢的事",讲得煞有介事。如果只是盲目地吞下这些话,可能会产生罪恶感,会觉得"没有愉快地生活,很不应该""没有做自己喜欢的事,很失败"。连看到事情做得差不多就妥协的人,也觉得不能忍受。

无论肚子还是心灵,都该放弃"经常饱足",保持八分饱的满足就好,让身心得到安宁和平静。

21
志气是自己的事
自己解决

我是家里最小的孩子,从小就在被溺爱的环境中长大。等意识到别人都说我是"大少爷"时,已经将近30岁了。别人这么叫我,意思是我是不知疾苦的人,且不谙世事。自从中二病[1]发作以来,我只靠着症状之一的"不知道哪来的自信"走到现在。

不知疾苦也不是什么大问题。虽然看事情的角度比较天真,但同时也算是一种乐观主义。比如突然遭遇意外的打击时,顶多也只是觉得自己有点辛苦。当下,我只觉得辛苦也是没办法的事(这也是乐观主义者的想

---

1 源自日本流行语,形容人活在自己的世界里,表现出自以为是的态度。据说这种状态常在处于青春期的初中二年级学生身上发生,因此被称作中二病。

法)。自己的事要自己处理,这是我的志气。

有些人没有这种志气。即使发生问题,他们也期待别人会容忍或帮助自己,所以做事没有分寸,或是事情做到一半就丢下不管。

人生在世,要靠大家互相宽容和互相帮助。如果只是单方面地期待别人的容忍和帮助,你会发现,实际上根本没有人会容忍或帮助你。如果是工作上出现了问题,别人不得不协助你,你要明白,那不是真的想帮你,也谈不上容忍,只是为了避免问题影响到其他层面而已。

而拼命做事,导致筋疲力尽、身心都濒临崩溃,却仍想继续努力的人,或许会遇到愿意容忍自己、向自己伸出援手的人(照理说不会有,但是有这种可能性)。

无论何时、发生何事,都要祈求内心平静。这里所说的"无论发生何事",也包括遇到没有人容忍和帮助自己的情况。

麻烦与否,虽然得看对方怎么想,但是不在乎会不会给别人添麻烦、毫无责任感的天真,我们都应该摒弃。一起成为坚定又自立的人吧!

22
总跟一群人一起混，你不会进步

同好会和团体，把有志者齐聚在一起，可以做一个人无法办到的事。由于全员志向相同，聚在一起可以热烈交谈，共同度过愉快又热闹的时光。身处这种场合，人们不会寂寞，也会忘记烦忧。

因此，许多人总爱凑热闹。不只在社交软件上，参加线下活动也让他们非常愉快，仿佛离不开朋友。

当拥有相同想法的人们齐聚一堂，想要做更大的事时，拥有专长的人跳出来说："这个就交给我来做吧。"真是令人无比安心。总务、行政、会计、接待、主持人、柜台人员等，不是谁都可以做的，每个职务都需要专业知识。

我担任住持的密藏院，每年都会由配音演员举办一场朗读会。为了举办这场公演，专门学校¹的学生也会来帮忙，但各项工作的负责人还是幕后的专业配音演员。他们在基层时期，已参与过所有相关的流程，是非常可靠的成员。

数年前以学生身份前来帮忙的人，现在已经变成负责人，工作时干脆利落。我很想对他说："你什么时候变得这么能干了？真了不起！"想必他们都在私下找寻机会，主动提升专业技能，才得以更上一层楼吧。

在团体中，如果只是漫无目的地待着，根本成不了气候，就像任何人都可以随时取代的一枚齿轮，毫无存在感。

比如，学生时代，有些同学明明每天都跟大家一起玩，成绩却特别好。我们看他好像天天都跟大家一起玩，但其实私底下，他付出了加倍的努力。如果只满足于跟大家混在一起，什么也不做，不知不觉中，你会发现只有自己被晾在了一旁。

偶尔也要脱离团体，创造属于自己的时间，好好提升自己。

---

1 日本教育体制中特有的高等职业教育机构。与大学着重于理论研究不同，专门学校以技术实习为重心。

23
做与不做，你都会后悔

美国有一份针对80岁以上的老人做的问卷调查，问题是："人生中，觉得后悔的事是什么？"有70%的老人回答："如果当初更勇于挑战就好了。"

这份资料在网上查不到出处，而其他类似的问卷调查，点赞数排第一的回答则是"如果早点检查牙齿就好了"。我想，回答"还好当初没有贸然挑战"的人，应该也不少。

同样的问题，询问我周围的老人，应该会有很多人回答"没有后悔，人生很满足"，而回答"如果当初更勇于挑战就好了"的人应该不多。人生中会面临无数的十字路口，大多数人会认同自己选择的道路。

从"要继承家业，还是做自己想做的工作""要跟这个人结婚吗"等重大抉择,到"晚餐要吃和食,还是日式料理""要带伞出门,还是不带"等小事,人们大多能够顺从内心的选择。

"大家都这么说,不然就试试看好了?""大家都劝我不要做,那就不要做吧!"当然,人有时候也会参考周围人的意见。不过,即使参考了众人的意见,最终还是因为自己同意,才做出抉择。

想做的事,即使周围的人都阻止,只要自己已觉悟,就去做吧。相反地,即使周围人一直劝你做,只要自己决定不做,那就不做。

不要因为当初做了或是没做而感到后悔。当初决定做或不做,是否出于自己的意志,这才是最重要的。

无论是"当时虽然想做,但是出于一些原因所以没做",还是"虽然当时不想做,但是却不得不做",只要是自己决定的,就不要后悔。

也许你会后悔当时还年轻,想法太天真。但实际上,当初的你,或许就只能做到那个程度。如果不明白这些事实,一直纠结"做还是不做",你的人生将在懊悔中度过。

Chapter 3

放下，很难；
　　转念，就不难了

明白世上没有完美，

接受"这样就好"，

心情就会变得非常轻松。

我自闭了……　　　　我想开了！

24
欲望就像盔甲，穿太多就走不动了

电视中偶尔会报道那种已经称不上家的"垃圾屋"。我看着新闻，自言自语地说："家是人居住的场所，但这个屋主却把它看作堆积物品的容器了吧。"妻子听了，冷笑着说："你的房间，跟它也差不了多少。"

为什么东西会满溢出来？是因为容器装不下。没有收进书架的书，被我搁在地上；书越堆越多，就放在桌子上，然后上面又被我放了别的东西。难怪家人总告诉我："想让房间保持整洁，地上就不要放东西。"

英语有一个单词"mine"，表示"我的东西"，也表明在我们的内心深处，对"自己的东西"存在占有欲。自己的东西如果冠上"我喜爱的"，就会成为强化自我存在的物件，变成一种财产，并且一直增加、累积。

喜爱的衣服、用来炫耀的装饰品、文具、智能手机、杯子和书等，你拥有的东西，如果多到超过最基本的需求，就好像不断把盔甲往身上穿一样，仿佛想让自己变得更强大。

一般来说，生活必需品的库存，只需要一个月的量，但受到促销活动的诱惑，有人往往一次买进几个月的量，把家里堆得放不下。自从遭遇地震灾害，为了以防万一，我们都会囤积物品，导致走廊里堆满箱子，物品都放到快要过期。只要家里有闲置的空间，就会燃起"还可以再买"的购买欲。因为"无"会让人产生不安。如果把自家当成避难所，那还另当别论，但一般家庭根本没必要这样囤积，这样的居家环境，怎么能过得清爽舒适呢?

只想不断增加，却不知道减少，东西就会满溢出来，处于动弹不得的拘束状态，这就好比一个人身穿盔甲，走得无比沉重。不把层层堆积的各种物品扒下来，就看不到真正的自己，也就无法简单地过日子。

有一个词语叫"寡欲知足"，指的是减少欲望，心就会安定下来。知足就会懂得谦虚。因此，我们都该停止增加物品了吧!

25
世上没有完美，接受"这样就好"

密藏院每个月会举办一次"描佛会"，分白天和晚上两个时段。抄经是指抄写经文，而描佛就是在佛像画上放薄薄的和纸，然后跟着线条描画，任何人都可以轻易上手。

虽然都是通过描线进行作画，但每个人完成的作品却千差万别，甚至根本看不出底图是同一尊佛像。有些人描出来的作品，比我画的底图还要好看。因为他们画得实在太好，我还拜托他们帮我绘制底图呢。

由于要供很多人使用，他们绘制的底图堪称完美，简直像把底图进行了扫描，或是用了制图软件绘制出来的，线条和曲线都很均匀。

参加一些活动时，我常常会想到"完美"一词。我的完美，在他人看来却并不完美。拿这本书的内容来说也是一样——这已经是现在的我写出的最好的作品。如果想找出需要修正的地方的话，也是能找出来的。但即便如此，你们现在阅读的内容，已经是现在的我写出的最终完本。

这里提到的"现在的我"，或许明天还会变化，所以其实是随意定的基准。反正，无论是谁看、何时看，可能都有人觉得不完美，所以把基准设定在"现在的我"就好。

我的意思不是随便就好，而是以自己觉得完美为目标。不过，明白世上没有完美，接受"这样就好"，心情就会变得非常轻松。

26
有实力的人，从不害怕重复

有些人觉得，每天都做同样的事很无趣。工匠学艺和公司研习，或许都是重复做同样的事，但为了将来能够独当一面，所以一直在忍耐。

"人生毫无目标，每天都是起床、吃饭、上厕所、洗澡和睡觉。"如果只着眼于自己不喜欢的部分，当然会觉得兴味索然。到头来，简直跟抱怨"每天只是活着，有时候也想死"毫无二致。

落语中有一段小故事，讲述一个轻率浮躁的老人，觉得与妻子一起生活很厌烦，于是他说："我听说，死了老公的寡妇会变得很有魅力。我也想让我老婆当寡妇。"

换个角度看，如果每天都变化不断，人也会觉得疲于应付。参加三天两夜逛遍景点的活动，回到家应该会觉得松了口气吧，但也许是因为吃到了习惯的妈妈的料理，所以才有安心的感觉。

每天重复同样的事情，就想求改变；但如果每天都变化不断，就会祈求安稳的日子。这就是人性。既然如此，那就从中找到平衡，让日子过得张弛有度。

即使每天都重复同样的事，周围也时时刻刻都在变化。今天与昨天，明天与今天，都不可能一样。我每天照样写稿，但是写的内容都不一样。

天气也好，社会形势也好，就连自己的心境，也都随时在变化。即使非常享受变化，但要是每天上班和散步都走不同的路线，也会觉得累。然而，就算路线相同，发现开了新商店、路边的花开了，还是可以察觉到很多正在变化的事。

在蛋糕店的甜点柜，除了固定售卖的甜点，还会摆出一些季节性的点心。花店也是一样。只要买一些季节性的花卉装点家里，就可以感受到季节的变化。

渴望变化的人，感觉会比较迟钝，以至于无法察觉周围的变化。许多有实力的人，其实一直都在重复做着同样的事，只是从中找到了微小的改变。明白生活处处有变化，在平凡的生活中，就会发现细微的不凡。

27
多才多艺的人，都从精通一项技能开始

这个世上，有很多多才多艺的人，我们在网络上看到的，只是一小部分。就我亲眼所见，有不少多才多艺的人，总让我不禁怀疑"人无完人"这句谚语是不是骗人的。我想，许多人应该都很想成为那样的人吧。

其实，他们也不是从一开始就有很多技能的。正如谚语"一艺精百艺通"所说，精通一项技艺的人，在其他领域也比一般人敏锐，更容易领悟到诀窍。

比如，我的二儿子是默默无闻的跑龙套的小演员，平时也要靠打工来维持生计（我的妻子常会问他："就你这样，什么时候才能当上真正的演员？"他听了很不高兴）。我问他关于做演员的事情，他说除了要磨炼演技，还得学武打、舞蹈和唱歌。

帮忙建造寺庙客殿的年轻木工实习生，在将近一年

的建造期间，都只做打扫和收拾的工作而已。我向木匠师傅请教原因，他说，做完工作，如果不会自己收拾，就无法成为独当一面的木工。也就是说，木工师傅都是打扫和收拾的达人，他们为了精通一项技能，连附带的事也得一并做好。

有些农家，因为想让种出来的作物供人享用，所以成了主厨，把自家采收的食材拿来料理，就可以开餐厅；有些人为了写自家餐厅的招牌和菜单，所以学习书法，后来字写得很好，甚至可以媲美书法家；还有一些人，因为想亲手制作餐厅的餐具，所以成为陶艺家的弟子，最后技术好到可以开个展。

精通一项技艺的人，会逐渐变得多才多艺，而不是从一开始就多才多艺。如果不懂得这个道理，最终可能落得"贪多者两头落空"、一无所获的下场。

不要看别人多才多艺就心生羡慕，只要了解他的经历，就会明白他是如何倾注全部心力做一件事的。因此，不要做"马上就可以学会许多技能"的梦。

不知道自己能专注做什么事的人，不妨先从自己做得到的，或是自己热爱的事情着手吧。

28
执着很好，
过头了就不好

没有任何事情是亘古不变的，所以执着也没有用，只会增加痛苦。任何事物都没有不变的实体，如果非要纠结在一件事物上，就好像世界如此广大，你却偏偏选择走狭窄的道路，岂不是很可惜？

日常生活中，我们经常有"事情本该如此""应该要这样做"的想法。有个不擅长在众人面前说话的人，某次必须发表演讲，他把自己写好的草稿拿给当主播的朋友看。

朋友给了他一些建议："最好不要写草稿。写草稿这件事，就像明明可以走阳关大道，却因为自己走的路宽度范围是60厘米内，于是就把两侧多余的路全部挖除，非要走在狭窄的道路上，这样的路简直就是寸步难行。对于草稿，就算是专业的播音员也很难完全念好，对普通人来说就更困难了。所以，你只需要记下要点，自然演讲就好。"

翻开我最爱的《新明解国语辞典》[1]查询"执着"（こだわる）一词，却看到令人吃惊的解说：①对在别人看来没什么大不了（甚至应该干脆忘记）的事纠结不已；②在意别人的评价，因此对某件事花费很多心思（这是很新的用法）。

最近经常看到店家以"用心、执着的精神，制作××"这样的文案来推销自己的商品。虽然上述②的用法越来越常见，但实际上却不是好的含义。

所谓执着，就好比屋外有美好的世界，却躲在房间里，选择透过窗户看外面变幻的景色。这就是只愿待在原处，不愿移动的人。其中，有些人不是因为不在乎他人评价而不动，而是因为害怕才不敢移动。这就是自己把路走窄了。

虽然我们走的路宽度只有60厘米，但如果身处广阔的场所，就可以自由地走到其他道路上。只要放弃走狭窄的"执着"道路，就会发现另一片海阔天空。

---

[1] 日本三省堂出版的小型辞典，其词语解释较个性化，因此深受读者喜爱。

29
一个人能完成的事有限，与人合作才有趣

做人做事，如果能做到无条件地给予，口说良言善语，做到利他，甚至站在对方的立场上一起行动，那么就具备相当高的德行了。这种思想讲求不通过武力，以品德凝聚人心。尤其是，能够站在对方的立场上一起处理事情。

让内心常保平静，能做到这一点很不容易，如果只顾着宣扬自己的主张，那么谁也不会听你的。

当我们长大有了独立心之后，就不想再接受父母的帮助，开始主张"自己做"。无论任何事，都想任性而为。在动物世界也一样，独立这件事，是生存必经的成长过程。

不过，一个人能做的事情毕竟有限。在临界点内，自

己要怎么做都行，一旦到达临界点，超出自己的能力时，就会窒碍难行。已经到达临界点，却盲目地相信"每个人都是不一样的，每个人都很好"或"世界上唯一的花"[1]，从而死守自己的生活方式，就会过着孤立无援的无趣人生。

即使是自己能做得到的事，如果用合作的态度向对方开口"能请你帮我吗"，人生就会变得多姿多彩。与人合作共事，意见相左在所难免，的确很伤脑筋，这时不仅可以知道自己多么任性，在彼此磨合的过程中，还可以开阔自己的视野。与人合作、共同完成目标的喜悦，比起独自完成的喜悦，要大很多。

一旦明白了这个道理，不妨偶尔放下任性，想想"同事"，与他人合作看看。你做了就会知道其中的好处。

---

1 日本著名男子偶像团体 SMAP 的歌曲，由制作人槙原敬之作词，歌词大意是"每个人都是独一无二的存在"。2016 年 1 月，SMAP 解散。

30
环境是人的共业，仅凭一己之力很难改变

在日本，许多人非常惧怕"业"。这是因为"业"大多用来说明"发生不幸的原因"。但"业"原本只是指"行为"而已。总是把不幸的原因归咎于"业"的人，还请特别留意这个原始用法。

任何事情的发生，都有原因和缘由，这就是"因缘法则"。我们的所作所为，都逃不开因缘法则。过去的行为，会影响现在和未来；现在的行为，会对未来产生影响。煽动不安，会使人盲从不了解的意志行事。

"业"除了指个人行为的"自业"，还代表命运共同体（同样生活在日本、生而为人、身处信息化社会和高龄化社会等）的"共业"。

共业中，有一项指环境。翻开《新明解国语辞典》

查询"环境"一词,解释为"围绕某物的外界(与某物产生关系,并多少给某物带来影响)"。有些人会怨叹周围的环境,"都是跟这种人结婚害的""都怪我出生在这个时代";有些人则是心怀感激,"还好孩子很孝顺""出生在如此方便的时代真好"。

环境是人的共业,仅凭一人之力难以改变。比如,日本处于地震带上,又是台风行经的路径之一,但是不能把日本移到别处。面对无法改变的环境,即使自己想要反抗,也无能为力。放弃对抗,顺应而为,才是明智的选择。

不过,针对"环境"一词,《大辞林》[1]的解释则是"围绕着人类和生物,与之相互作用的外界"。破坏自然环境,就是人类造的业,对环境造成影响。跳槽、翻修房子,或是改变房间的样子等,都是自己改变了自身的环境。自己和环境之间,存在交互作用。

因此要先看清:什么是可以改变的环境?什么是无法改变的环境?如此才能好好地活下去。

---

1 日本三省堂出版的辞典,是日本国内最主要的中型辞典之一。

31
行程表不要排太满，留时间放空

我出生于东京最东边的江户川区，自认为很了解东京的优点。世界一流的艺术家会来东京公演，各种活动都人山人海，还有很多美术馆和博物馆。只要有钱、有闲、有体力，东京就是既刺激又热闹的好地方。

不论行程表还有多少空白，只要到各处参加活动，就可以填满所有空白。因此，对于那些从各地到东京参加研习，会待上数周到数月的人，我会请他们好好享受东京的乐趣。

日本的很多活动经常会介绍都市地区的文化，影响了很多年轻人，使他们爱追着潮流跑。

大学毕业后，我用了一年的时间，到距离东京100千米的都市担任高中教师。我的学生里，有一到周末就跑去原宿购买流行物品的，让其他学生看了羡慕不已；有的学生会用不同颜色的圆珠笔，在厚厚的行程表上写下满满的行程，仿佛行程表上出现了空白就是种罪恶一样，让自己忙得团团转。我在25岁以前，也跟他们一样。

不过，到处去玩、增广见闻，就好比一直摄取营养，最后只会营养过剩。一味地不断追求，只是在囤积营养，却没有安排消化的时间，根本无法吸收。

我也一直在吸收新知识，然后持续写作。写书期间，头脑一直处于运转状态。书刚写完的时候，我根本没办法客观地重读内容。因此，我会把写好的内容，先交给其他人过目整理，直到我可以客观阅读为止。我会让自己远离原稿至少三天。

我们每天的生活，也要设定放空时间，如此才能把四处奔走得到的心灵营养，加以消化吸收。吸收完毕后，再转化成自己的力量来运用。

看到自己的行程表上有空白，就会莫名不安、浑身不自在的人，不妨在空白处填上"放空时间"吧。意思是，什么事都不要做。看到别人行程满满，不必憧憬，也不用觉得忙得团团转的生活才有价值。

32
不要计较划不划算，买到的都是最好的

女儿开始独立生活时，身为好父亲的我，决定买一台微波炉送给她。我们希望买了能够马上带回家，所以决定到实体店购买。当我到达商店时，女儿已经先行淘汰了一番，只剩下两台做最后决定。

女儿问我："哪一台好？"我大致了解女儿的房间布置后，马上买了适合她房间风格且有库存的商品。女儿吃惊地说："爸，您选得也太快了吧。"我回答："搭配就得这样。"遇到价位、性能都差不多的两件物品，用投掷钱币的方法来做决定也不错。一旦决定好，就不要再让不怎么灵光的脑袋伤脑筋了。这是我的经验谈。

回家后，女儿告诉我，有些人买东西会先到商店看实物，当场用手机查询哪家的价钱更优惠，再在网上下单。为了买到便宜的商品，完全不考虑商家开店有营业

成本，还得支撑店员的生计，对于我这个作风老派的人而言，这样的购物方式，我实在做不到。

观光地的伴手礼店，每家卖的东西都大同小异。出国旅行时，为了找到便宜的物品，到每家商店调查价格，那是二十多岁的我才会做的事。当时，领队对我说："虽然价格有些差异，但只要自己满足，就是最好的伴手礼！"为了寻找哪家店最优惠而犹豫不决的我，听了领队说"买了就是最好的"，一下子茅塞顿开。

电脑和手机，都是用了数年就会坏的消耗品。很多次我想买新电脑和新手机，却想着新机型快出了，一直犹豫不决。儿子告诉我："再等下去也是一样。制造商早就开始制造下一期，或是下下期的产品了。想要就去买。再等下去，爸，您就死了哦。"不懂 IT 业的我，听了这番话，也是茅塞顿开。

幸福与否，全凭自己的心。决定买某样东西，别在意贵或便宜。"用划算的价格买到了！超幸运！"如果只因为价格高低，心情就受影响，就好比在得失的泥沼中挣扎。赶紧从得失的泥沼中上岸，别再犹豫哪个更有利。用更宽广的视野去看事物，还有很多幸福等着你去发现。

33

怎么分辨世间善恶

我在前文提到过,有些智慧告诉我们,世间所有的一切,没有不变的实体,都会因为不断汇聚的缘,使结果产生变化。

事物产生的瞬间,究竟是何时?我们无法确定。就连构成我们生命的受精卵,前提也必须有卵子和精子的存在。卵子有受精的可能,需要缘的配合;而制造精子,也需要营养等诸多条件配合,所以"生命究竟起于何时",我们无法明确。事物的灭,有时也会引发下一个生,所以没有不变的灭。

有些事情会随着条件的变化而改变,或者出现等价交换,并非永恒不变。我们纠结的事情往往能从这里得到解释,比如体重的增加,是食物和营养的作用;体重的减少,则是蓄积的能量转换成运动和基础代谢。

急躁的人，往往想明确分出黑或白（善或恶），因为这样更容易理解事物。不过，世界上没有绝对的善，也没有绝对的恶。做坏事知道反省，就可能变成善人；原本以为是善的事，随着对象、区域和时代的变迁，也可能变成恶。

你做的事如果有利于内心平静，那就是善事；如果会扰乱内心，那就是恶事。善或恶，是时间推移的结果，在做的当下，无从判断究竟是善还是恶。

人有时很想分出黑或白，但是首先得分清楚，你的判断也只限于"当下"而已，如此才能以平静的心过日子。

34
正确答案只有一个的人生很无聊

"对人要亲切""有钱好办事""同样的东西,要选便宜的",我们往往有这些自以为是的想法。遇到任何事,如果都用单一价值观来判断,应该可以轻松过日子吧。无法说明具体理由时,就用"这件事就是这样"一句话带过,这也是生存的智慧。

不过,正确答案不会只有一个。

满脑子都是"对人要亲切"的人,不会意识到这可能会给对方带来困扰。有些人甚至会责怪对方:"我明明待他很亲切,他怎么不领情?"所以,即使是出于好意的亲切,有时也会给对方带去大困扰。

如果一味地认为"这个世界,钱最重要",就无法与人深入交往。满脑子都是钱的人,为了钱什么都肯做,往往很难被信任(只用地位和权力衡量一切的人,也一样)。

我有一位年轻友人,他是手工家具设计师。即使只是一个小夹子，或是一个透明文件夹，他都不会到5元商店购买，一定会去文具店购买知名品牌的商品。他充满热诚地表示，这是在向制造物品的人致敬。对他来说，这就是正确答案。他超越了"同样的东西，要选便宜的"的消费者心态，做出了充满人性的选择，这是他认为的正确答案。

"□肉□食"的□里，正确答案并不只有"弱"和"强"，放入"烧"和"定"也非常合适吧。"特产很美味"，这是一般人认定的正确答案；"特产都不好吃"，这句话否定了"特产很美味"，也是另一个角度的正确答案。拓展正确答案的范围，也是拓展心灵的宽度。

到主题乐园游玩，有些人认为，一定要有效率地把所有游乐设施都玩一遍才行。不过，这个正确答案，是以"有效率"为前提的。如果不追求效率，那就会有别的正确答案。

人生，就好比到主题乐园游玩，如果只追求一个目的，就受限于一个正确答案，也只能有一种享受方式。人生的主题乐园，一旦出场，就无法再入场。如果只体验到单一的享受方式，岂不可惜？

让心灵更有弹性，不盲从既定观念，正确答案或许还有很多。

35
了解流行，但不要追着它跑

世间所有现象，会因为相继叠加的有缘和无缘，而不断变化。因此，即使想要执着于一件事，有时也是枉然。

如果总是受到不断变化的事物的影响，内心就无法保持平静，就像孩子被带进巨大的玩具屋一样。

这个道理，我原本以为也适用于流行。在电视、杂志和网络上，家人看到"正流行"和"当红"的商品，就会飞快地跑去购买。到了来年，这些东西不再流行，被家人丢弃一旁，连一眼都懒得看，我不禁感到可惜。

某次，我听一位僧侣友人说，他同时购买了右派、左派和经济三种报纸。于是，我问他："利益优先的经济报纸，不看比较好吧？"他惊讶地回答我："要窥见世人的想法，看经济报纸最清楚。企业开发商品，是以人们的购买需求为前提的。因此，企业会广泛调查众人的需求。经济报纸的新商品报道，就是众生欲望和梦想的缩影，也与我们息息相关。"

听了他的解答，我既吃惊又认同。原本对流行毫无兴趣的我，也开始关注流行。

即使有幕后推手，也是因为具有吸引力和魅力，才可以引发流行。流行是反映每个时代人心的一面镜子，因此，虽然我不会深入地去了解流行，但我会在自己日常见闻的范围内（比如去厨房倒饮料的时候看一下电视广告，或是浏览电脑自己跳出来的网络报道），多多少少接触一下。

"退流行"和"跟不上流行"等字眼，是靠流行赚钱的业界人士的用语。不过，一般人用不着担心跟不上流行，平常心看待就好。

很多道理不是在告诫我们"不要关心流行"，而是在劝我们"不要拼命追着流行跑"。

36
如何放下？
先认清自己还放不下

"与其哀叹已经失去的东西，不如珍惜当下所拥有的一切。"这是我的座右铭之一。失去曾经属于自己内心的东西，如身边的人、朋友间的信赖、物品等，都会产生强烈的失落感。当我想要重新振作时，就会想到这句话。

想要转换心情，用正向的态度生活，首先得认清自己的内心状态，先明白"我还有放不下的事，无法清理干净，无法下定决心"。想要解决问题，要先知道问题出在哪里。

对失去的东西留恋不已，要如何才能看开？我觉得，或许可以从改变说话顺序开始。我们往往把最在意的东西放在最后才讲。比如，"那个人很聪明，但是太傲慢"，这是在批评一个人很傲慢；"那个人虽然傲慢，头脑却很灵光"，这是想表示一个人的判断很清晰；"那家伙工作做得不错,但是个酒鬼",听了这句话,你不会想录用他,但是如果说"虽然是个酒鬼,但是工作做得不错",你听了或许就想录取他吧。同样的一句话,听者一方,只会对最后一句话印象深刻。另外,教育孩子时,如果在最后加上夸赞的话语,孩子就会很高兴,更有努力的意愿。这也是出于同样的道理。面对失去亲人的人,我会留意他说话的顺序。"已经去世的母亲,为我做了这样的事",如果一开始就说出"已经去世"的事实,代表他是以正面的、已经放下的角度看待亡者。反之,如果他说"我母亲做过这样的事,可是她已经去世了",把去世的事实放在后面说,就表示他的心情还没有平复。因此,我会请对方谈谈亡者生前是如何照顾他的。遭遇亲人去世,为了尽早度过"不接受"的阶段,可以追忆亡者的好。

因亲人去世而沉溺于悲伤的人,最后往往会说"可是,他已经死了",接着叹一口气。这就是对亡者死亡的事实还没有办法放下。这个时候,不妨想想"与其哀叹已经失去的东西,不如珍惜当下所拥有的一切"这句话。

37
你的不安，多半来自你贪心

大多数人都不会觉得"自己很贪心"，但是，如果觉得自己总是有所求，那不正是贪心吗？

不断买东西，渴望与人联结、被关心，期待对方用同等的爱回报自己，想要通过帮助别人来证明自己的存在……这些都是贪欲的表现。

人的欲望虽然永无止境，但是自己该知道适可而止。否则，就好像漂流在海上，不断喝海水止渴，却越喝越渴一样，内心得不到平静。

衣服每一季只要有7套就好；每年至少要碰面一次的人，有50人足矣；与恋人联系，一天只要一次就好；感谢自己的人，只要有3位就好；自我满足的最低标准，可以预先设定好。

经历过艰辛和痛苦的人,都懂得不要贪心。生病的人,不求其他,只希望"健康就好";烦恼人际关系的人,不奢望更多,只求"家人和乐"。有句话说"吃点苦是好事",意思就是人只有吃过苦,才会懂得生活要知足。

另一方面,贪心的人总是惴惴不安,因为总在担心失去已经得到的东西。收集到 10 个一组的成套物品,想到如果将来不小心弄丢一个,内心就感到不安,于是又买了一组。对他来说,这是最低标准,所以不算贪心。但是,这显然是一种以不安为本的贪心。

丰臣秀吉很喜欢鹤,命人在园中饲养。某天,照顾鹤的人不小心让鹤逃走了,他向丰臣秀吉道歉请罪时,丰臣秀吉问:"鹤会逃到国外去吗?"照顾鹤的人回答:"因为是豢养的鹤,应该不会逃到国外去吧。"于是丰臣秀吉回答:"这样啊。无论它在日本何处,都是我的笼中鸟。罢了,让它去吧。"有首古老的歌,其中有句歌词是"放下舍不得和欲望,等于拥有全世界"。如果能保持这种想法,就不会贪心,也就不会不安了吧!

38
永远说实话，
就不用记得自己说过什么

有一个外国人，两个月前请日本人喝了杯咖啡，之后再次见面时，日本人开口向他道谢："上次承蒙您招待。"外国人非常吃惊，他不禁怀疑，日本人这么重礼数，是不是因为记忆力很好？

我在水谷修、水谷信子所写的《回答外国人疑问的日语笔记》(『外国人の疑問に答える日本語ノート』) 一书里，看到了一个很好的回答。

"（在日本）人们会把上次见面接受的好意铭记在心，并表达谢意。……听到日本人有这种习惯，是不是会以为日本人很在意请客的费用？其实并非如此。比起由谁买单，日本人只是把上次会面的愉快经历放在心上。……最重要的原因，是日本人想向对方表示，自己没有忘记与对方共享的经历。双方拥有共同经历的记忆，有助于彼此建立良好关系。"

"共同的经历，会让两者建立良好关系"这句话，成为我思考的基本准则，也就是"慈悲的根源，在于意识到与对方的共通点"。

我一开始的想法其实更像外国人一些，受人关照的当下，道谢一次就不会一直放在心上。但在读了前述解说后，我的想法有了很大的转变。不敢说我因此变得很有礼貌，至少我会努力记住别人对我的好。

我不会一直记着曾经说过的话，但我经常听到别人说："你现在说的，跟你之前说的不一样。"对方似乎把我说过的话记得很清楚。

我们必须明白一个事实，即人的思考会随着时间改变，因为人的言行本来就不可能永远不变。

美国作家马克·吐温（Mark Twain）有一句名言："永远说实话，这样就不用去记得你曾经说过什么。"

记住别人对我们的好，永远说实话，那就用不着时时惦记自己说过什么。这就是轻松过日子的秘诀。

39
一个人知不知足，从冰箱就能判断

每个人使用冰箱的方式都不一样。常常担心存货不足的人，他们的冰箱简直就像博览会。他们仿佛在研究东西可以保存多久，或是想要测试保质期的可信度，让冰箱变得像是存放贵重研究材料的宝库（我不是说每个家庭都是这样，我指的是某个我知道详情的家庭）。放在冰箱里的食物，明明已经多到可以食用一整周了，却又买了新的食物。不是为了自己，而是为了家人而买，所以也无可厚非。

关于减少欲望和知足，我想与大家分享我的体会，希望能够为多欲和不知足的人指点迷津。

减少欲望——欲望越多，所求越多，伴随而来的烦恼也就越多。减少欲望，无所求，就很少有痛苦。清心寡欲，不仅是崇高的德行，还蕴含着许多善的含义。欲望少的人，不必奉承和讨好别人，也不为贪欲所苦。仿佛平静的水面一般，内心常保清静，心有余裕，就不会感到不知足。

知足——要想摆脱众多的苦，就要懂得知足。人若知足，内心就变成富贵安乐的大庭院。即使睡在地上，也会觉得安乐。懂得知足，即使没有财产，内心也富足而充实。

不懂得知足，即使住在华美的宫殿里，也不会觉得满足。不知足的人，即使很富有，内心也会有牵绊。

虽然不懂得减少欲望和知足，也不至于生活得不好，但是，如果能够体会减少欲望和知足的好处，就能过更有意义的人生。

Chapter 4

无坏不显好，
　　这就是人生

很多时候，人们可以通过整理内心，

　　让自己获得平静。

守身．　　　守心．

40
遇到不如意，先想"这不是我的错"

就像电流测试仪的指针会轻轻逆向摆动一样，许多日常生活中的小事，也经常使情绪的指针逆向摆动。

出门时穿上鞋子，却发现鞋子脏了，下意识发出啧的一声；走路的时候，发现鞋带松开了，于是对鞋带咒骂一声"搞什么鬼！"；到了车站，发现电车晚点，看向时钟的同时，嘴里也碎碎念着："不会这么倒霉吧！"光是一个早上，就发生了这么多不如意的事情。如果怀着这种心情过日子，负面情绪只会越来越多。

出现负面情绪时，总之要先想到"情绪的指针会逆向摆动，都是因为事情不如意"。我在这里写了"总之"二字，意思是事情发生的当下，不要考虑之后的事，先放下再说。

无论大事小事，想要发出啧啧声、咒骂声，或是不愿意接受现实的时候，要明白这些负面情绪都是因为事情不如意所致。

接下来，等到心有余裕了，再告诉自己："世上的事，本来就不会尽如人意。"一开始就要自觉"生气是因为不如意"，接着想"世事就是如此"，接受事情如此发展，并且放下。

其实，遇到鞋子脏了、鞋带松开了，或是电车晚点的状况，只要想着"不是自己的错"就好，就能够接受无能为力的事实，让逆向的指针归零。

情绪指针处于逆向状态，就是磨炼自己的时机，趁此机会反省"竟然以为事情可以尽如人意，我真是太天真了"。没有注意到鞋子脏了，是因为没有考虑到下次还要穿，自己应该反省改进；鞋带松开了，是因为鞋子帮助我好好走路，反而要心存感谢；电车晚点，等于让自己多了一些喘息、休息的时间，如此就能一笑置之。

日常生活中，不如己意的琐事多如牛毛。大多数可能都是小事，不需要放在心上，只要运用一点小智慧，就可以避免情绪的指针偏到逆向状态。

41
过去无法改变，但可以抹除回忆

过去就是"过了不复返"。明明已经是过去的事，还是会在想起不愉快的过往时，感到纠结苦闷。已经发生的事，就算再怎样焦躁着急，也不可能改变。这就是"过去"的残酷真相。

人们总会想："那时候，如果这样做就好了。"但是，已经发生的事，即使再怎么期望改变前提条件，也不可能实现。这就是"有祈愿，却没希望"。过去的事实无法改变，但是由其引发的负面情绪，是可以消除的。

很多时候，人们可以通过整理内心，让自己获得平静。

手足之间吵架，会使彼此之间的关系陷入僵局，这时不妨一个人静下心来，尽可能大量回想兄弟姐妹的好。

这样做，就会意识到"我也有错"，也有需要反省的地方，使心情变得平静。

这种方法，也可以用于处理不愉快的回忆。

现在的你，试着回到发生不愉快的过去。已经累积各种经验的你，会用什么话安慰或鼓励过去的自己呢？

"现在的你只能做到这样，没关系。现在的你，已经尽了最大的努力。"

"后悔也无济于事。不过，这次的经历将变成你的宝贵财富。以后不再重蹈覆辙就好，继续前进吧！"

虽然听起来像是玩过家家的游戏，但通过这种方式，从过去到现在一直无法忘怀的不愉快回忆，可以断舍离。在这个过程中，心灵像是得到了净化，变得一干二净。

过去，不是过了就消失无踪，它会不断堆积、积压于心。几百张、几千张纸堆下面，可能有一张被染黑的纸（不愉快的回忆）。你可以试着把这张染黑的纸换成白净的纸。

42
面对悲伤的五阶段理论

面对即将死亡的现实,人们内心的接受程度如何?精神科医生伊丽莎白·库伯勒-罗斯(Elisabeth Kübler-Ross)提出人面对悲伤的五阶段理论,对之后的临终医疗有极大贡献。

其实,这个理论不只适用于临终的病人,对于自己患病、亲人突然死亡,或是发生意想不到的坏事时,也能派上用场。

根据罗斯的五阶段理论,在人们得知自己患病、可能不久于人世的第一时间,出现的往往是"否认"的情感。"怎么会有这种事?""骗人的吧!"这是否认疾病发生在自己身上的阶段。

下一个阶段是"愤怒"。"开什么玩笑！"这个阶段会把愤愤不平的情绪发泄出来。

接下来会进入"协商"阶段。"为什么会变成这样？""如果我……会变好吗？"在这个阶段，人们想要理清前因后果。祈求医生，"能把我治好吗？"或是求助于其他方法，接受不同的医疗方式。

之后就进入"抑郁、沮丧"阶段。到了这个阶段，人们已经知道无论如何都难逃一死，但还是无法接受自己即将死亡的事实。

最后的阶段就是"接受"。接受必定死亡的事实，并且提升觉悟。

被宣告罹患疾病，必须动手术的时候，同样会经历这几个阶段性的心理变化。"怎么可能？""别开玩笑了，为什么是我？"从一开始的否定到愤怒，再到私下寻求不必做手术的方法，甚至尝试民间疗法等，直到明白只有做手术这一条路，之后陷入一段时间的灰心丧志，最后决定接受手术治疗。

这五个阶段不见得会按照顺序发生，也可能会反复很多次，直到最后接受为止。发生意外事件时，要知道自己正处于哪个阶段，这是最快通往最后阶段——坦然接受事实的捷径。

想要看开，就得先接受自己生病这件事。事情都发生了，也只好坦然接受。接下来，要思考如何与疾病相处、如何过日子，你才能往前迈进。

43

讲人坏话就像回旋镖，最后会伤到自己

每当我外出办事，都会给自己留一些时间，我会到咖啡厅或复合式餐厅"消磨"这些时间。要是没有特别想做的事，比如阅读或是改稿子等，通常我会选择在一群客人旁边就座——因为我喜欢听人们谈话。

我并不是真的想偷听别人谈话，当然，即使我没想听，他们的声音也会传到我的耳朵里，这也是没办法的事。

一次，从旁边传来的说话声中，我清楚地听到了谈话的开头，是在说某个不在场人士的坏话，而且马上就有人跟着附和。接下来，其他人也参与其中，加入讲坏话的行列。众人越讲越起劲，声音也越来越大，周围的

人都听得到他们的声音。

从他们的谈话中,我知道了让他们不满的原因是"明明帮他做了某事,但他的反应真是太奇怪了"。换句话说,就是自己做了某件事,期望对方有所表示,却没有得到回应,所以就讲对方的坏话。

"明明帮他做了某事,他却什么表示都没有,真令人失望",这种程度还称不上讲坏话;但是,如果讲的是"他这样真是太奇怪了",因为本人并不在场,明显就是讲坏话。

说是"为对方做某事",其实也只是强迫别人接受自己的好意吧?但自己却毫不自知。不直接对当事人讲,反而在背后讲人坏话;不先反省自己的行为是否合理,就径自批评对方。

写到这里,我突然发现,自己好像在说隔壁桌客人的坏话。他们让我意识到了自身难以察觉的东西——我内心的无明啊!感谢他们让我有了如此大的体悟,我简直应该帮他们买单致谢（我还没这样做过，等下次吧）。

因为心里不痛快，就说别人坏话，或是故意挑拨使人失败，想要把人拉下台、扯人后腿等，这种人非常多。不过，即使把人拉下台，自己也不一定就能上位吧？反而会因为爱讲别人坏话，落得名声受损的结果。

讲人坏话就像回旋镖，最后总会伤到自己。扯人后腿也没有意义。如果有那种闲工夫，不如多磨炼自己，并借此引导经历尚浅的人。

44
看清死亡，好好活一场

"人在死亡的瞬间，真是一下子就结束了。"许多遭遇亲属去世的人都这么说。我也曾经历过父母和兄长的死亡，人身体的机能逐渐衰弱，从生到死也就一线之隔，死亡只在转瞬之间。长期以来肉体上、精神上的痛苦，一下子就结束了，就好像一场梦。

任何人都无法事前体验肉体消亡，但"死"是人生的重大课题。日本已迈入高龄化社会，经常谈论"终活"[1]的话题，许多人已经不把死视为忌讳。我觉得这样很好。思考有关死亡的事宜，就是以死为前提，思考如何生活。从这层意义来看，死亡应不是忌讳之事，而应视为宝贵的经验。

---

[1] "临终活动"的简称，指为了迎接人生终点所进行的准备活动。

有句话说：“人终有一死。”既然这样，我们不妨体悟"活着的时候就好好活着"的道理。"自己如果死了，家人和财产怎么办？"与其担心身后事，不如在活着的时候，做好该做的事。

赤裸诞生于世的我们，只会带一点遗物，穿着一身寿衣到另一个世界去。肉体的消亡虽然令人悲伤，却是人一出生就注定的，任何人都没有办法避免。相聚之人，终有一别。会者定离，也是无可避免的世间道理。

我在其他文章里也有提到，我相信有"死后的世界"，所以不恐惧死亡。总是向周围人宣扬"人死后，一切就归于无"的人，死后也只徒留唏嘘；辛苦攒下的一点财产，也像彩票奖金一样被分配掉。如果想着"反正都会死"，就不会珍惜生命，无法好好活出自己的人生。

看清死亡，好好活一场吧。

45
不想纠结，就弄清楚自己害怕的原因

对一直纠结的人说"不要在意"，他根本做不到；对一直忘不了不愉快回忆的人说"忘了吧"，也是徒劳的。因为忘不了，所以烦恼；因为很在意，所以觉得困扰。

许多使人纠结的事，都无法简单解决。那是因为，我们连自己在纠结什么都搞不清楚。只要弄清楚自己纠结的原因，就会找到解决问题的方法。

比如，有些人总是担心，心中时时充满不安，但究竟是担心给别人添麻烦、担心会辜负他人期待，还是担心一直这样下去，老年的生活费不够用？如果不弄清楚原因，就会一直纠结下去。

不想继续纠结，就一定要弄清楚不安的真正原因。

然后，进一步看清自己究竟在害怕什么。

担心给别人添麻烦，追根究底，是因为贴心替对方着想，还是害怕自己给别人添麻烦，会被人讲坏话？如果是前者，只要多说一句"说不定会给您添麻烦"就足以解决。如果是为了保全自身，很在意别人的评价，凡事都得看别人的评价才做，这样的话，自己永远都无法独当一面。想到这里，今后你就会以自立为目标，就算被别人讲坏话，也不会再放在心上。

因为不够自信，总担心自己不符合别人的期待，那就先把自信放一边，事情不做怎么会知道？只当作是测试自己的实力就好。

如果担心养老金不够用，那只能从现在开始调整生活方式，赶紧提前预备。不过，即使没钱，如果可以找到凑合着过日子的方法，那也很好。

能够深究这些问题，并知道如何应对，这就是智慧。我会发挥智慧，时时省思心中纠结之事。用智慧解决内心的纠结，微笑面对人生吧。

46
为了坚持而坚持，其实是逞强

有句话叫作"坚持就是胜利"。

工作和夫妻相处都需要坚持，才会看到美好的风景；创业也是因为长时间的坚持，才会得到周围人的信赖；"承蒙爱用××年"，这句话常用来赞美商品，也向我们证明了坚持的力量；做书的编辑们常说"比起畅销，不如长销"。这些都验证了"坚持就是胜利"这句话。

也就是说，我们要咬牙忍耐，直到达成目标为止，最后一定会有成果。

但如果只想着"一旦开始，就不能停止"，为了坚持而坚持，就会变成毫无意义的逞强。一旦中途放弃，就会陷入自我厌恶，觉得"我怎么这么没出息"。一味执着于坚持，反而让自己心烦意乱，简直是自找烦恼。

因此,要懂得分辨何时应该放弃坚持。

以前,我想让大家通过音乐对我所倡导的思想或者事情产生兴趣,所以每个月我会选一天,在车站前的展演空间唱诵相关乐曲。这件事情我坚持了十一年,直到我觉得体力不堪负荷,并且找到了其他人来继续做这件事,我才决定退休,我知道我的责任已尽。

我和妻子经常意见相左,婚后三十年间,我学会放弃坚持己见。如果双方的意思没有太大的差别,我就以妻子的意见为先。

无论运动还是减肥,由于意识到自己会太过执着,所以干脆中途放弃,关于这一点,我自己都觉得难以置信。不过,比起健康的身体,我认为内心的安定更重要。

即使已经长大成人,许多人仍然对孩提时期学到的"坚持就是胜利"深信不疑,甚至将它奉为金科玉律。但即便是继续坚持,也要看清周围的状况,以及自己内心的变化。如果状况有变,也应该有"放弃坚持的勇气"。

假如坚持已经让自己心灵疲乏、抱怨不断,甚至会胡乱迁怒别人,为了不陷入自我厌弃的窘态,不如果断放弃,另寻新的出路。

47

好心会有好报，这种说法很功利

我曾到某个小学演讲。演讲前，我在走廊看学生们上道德课，经过三年级的一间教室，看到教室后面有很多家长。我心想，那个老师应该很受欢迎吧。

这时，只听到三十多岁的男老师很大声地说："大家为什么不把事情做好？这样岂不是很吃亏？"

我不知道上课的内容，也不知道他所说的吃亏是什么，但是用得失引导学生做事，我无法认同。虽然我不太了解经济用语，但我觉得，得失和损益这种经济用语，不能套用在人的言行和生活方式中。

比如，"好心有好报"，这句话如果只从表面解释，就是"只要对别人好，总有一天会对自己有利"，最终的目的在于利己。如此一来，人生就太没意思了。

即使最后的结果有利于自己，那也可能不是意料中的结果。我们只要想着能够帮助别人，或是拯救别人就好。存着这种利他、不求回报之心，人生才会清爽自在。

以自己利益为优先的人，本来就不值得信任。

对倾力相助的人心怀感激，并向周围的人说："那个人把自己摆在第二位来帮我，是我的恩人。"而那个人却在别处沾沾自喜说："那家伙能有今天，都是我帮他的。"任谁听了这种话，都会不开心吧。实际上，还真的有这种人。

这种人，或许在他小时候，周围的大人都教他"做那种事很吃亏""这样做才有利"，所以才觉得计较利益得失很理所当然。

公司以营利为目的，所以会讲求利益得失。如果把利益得失放在待人处事上，这是不对的。我们都应该明白这个道理，不要一味计较利益得失，只有真诚处事，真心待人，才能换来真情。

48
躲不掉的事，就正面迎击吧

上小学的时候，一次和朋友玩躲避球，我方队友全部出局，场上只剩下我一个人。唯一幸存的我，如果被打中，我方就输了，所以我不能被打中。因此，我使用了转来转去的躲避战术。

对方队员似乎无法预测我躲避的方向，所以没有办法命中我。躲了一阵子后，我总算捡到球了，救了几名队友进场。最后到底是输是赢，我已经不记得了，只记得我在场中转来转去，竟然都没被打中，真是令人吃惊。

20世纪初，英国出现了一种孩子玩的游戏，叫作"死球"。后来，这个名字沿用英文的"dodge"（意思是躲闪），故改称为"躲避球"，并且成为一项运动。不过，当时只是小学生的我，根本不知道这些东西，只知道球来了就躲。

言归正传。当自己的前方出现某样恐怖的东西，加速朝自己袭来，有些人一定会像我一样想："到底哪里可以躲？不能逃避吗？没有躲过去的方法吗？"于是东奔西窜。所谓的"某样恐怖的东西"，就是指自己觉得棘手的事物，比如疾病、贫困、批评，或是必须承担责任的工作等。

面对这些棘手的事物，如果只是一味躲避，永远都不可能战胜它们。即使想着"我根本不想反击"，然后逃避，也总会遇到无法逃避的事。

因为讨厌生病，所以吃营养品、保持运动，但还是会有生病的时候；因为讨厌贫困，所以努力存钱，却遇到物价上涨、薪水变低，存款越来越少；即使不爱听批评，却管不住别人的嘴巴；需要承担责任的工作，也总会轮到自己头上。

想尽办法却还是避无可避时，不妨鼓起勇气正面全力迎击，就会闯出一片新天地。处理棘手的事物，确实需要勇气，但是这种勇气，会剥去一部分遮蔽内心的外壳。

任何问题总是逃得了一时，却逃不了一世。别再逃避，试着剥去遮蔽你内心的外壳吧。

49
等待是好事，但要设定期限

世上有许多事，不管如何期待，都有既定的时间，时候未到，焦急也无济于事，就像电饭锅煮饭、公共电车的运行、每年一次的生日等。

"一开始用小火，中间用大火，宝宝哭了也不掀盖！"即使像这样对着电饭锅唱诵，电饭锅还是会按照自己的程序煮饭，我们只能等它煮好；即使对司机抱怨"开快点"，公共电车还是会按照时刻表运行，我们只能等它到站；即使提前庆祝生日，没到生日那天，年纪也不会多长一岁。这些事情都会准时到来，我们只能耐心等待。

有些事情只能翘首企盼，不知道那一刻什么时候会到来。或是即使等待，状况也不会有任何改变。

失望沮丧时，不知道心情什么时候可以恢复明朗，于是陷入忧郁；生病了，不知何时才能恢复健康；看到别人出人头地，只有自己还在原地踏步，内心焦急不已。深受打击时，没有前进的勇气，不知道该怎么往前走，只能想着"那一刻终究会到来吧"，接着叹口气，继续默默等待。

正如谚语所说，"只要静静等待，好事自然会来"。幸运有时不可强求，所以不要焦急，静待时机来临即可。

如果已经等待得太久，不妨采取行动看看。在饭煮好之前，可以同时准备其他菜肴；等待公共电车的时候，可以数一数月台的导盲砖有几个圆形凸点；生日来临前，可以写下新的一年有哪些抱负。

沮丧时，可以尝试音乐疗法，先听悲伤、痛苦的歌，再慢慢换成开朗的歌；生病的时候，想想病愈后要做什么，或者思考如果无法痊愈，要怎么改变生活方式；如果迟迟无法出人头地，可以制订一些学习计划，充实自己。

如果打算继续等待，那就设定等待的期限，比如要等一周还是等一年。

与其空等，不如采取具体行动，一定会改变现状。这个世间有"缘起法则"在运作，只要有行动，就会产生缘，结果也会跟着改变。

50
愚痴，可以抒发情绪，但改变不了事实

在日语中，愚和痴都是代表"不明道理，迷惘"的状态，愚痴两个字合起来，就是"无法正确认识和判断事物"的意思。

愚痴，一般用来指无意义的抱怨，或是发牢骚。

身为僧侣，所追求的不过是内心的平静，但经常有人找我吐苦水或发牢骚。不过，我并不讨厌当情绪垃圾桶。了解众生的烦恼，也是一种反馈，让我知道更多的人生道理，对此我非常感激。

这种时候，我会尽早分辨对方是来咨询意见的，还是只是来抱怨的。如果是来找我商量事情的，我不问清楚具体的细节，就没办法回答。我会像医生问诊一样，把事情问清楚。

不过，如果对方是来抱怨的，表示他只是想找个人理解他，我就会郑重地询问情况，最后告诉对方："你的情况还算好的吧！"大部分人会回答："或许是吧。"自己的情况不是特例，只是在吐苦水，当事者再清楚不过了。

我是到了将近三十五岁，才明白这个道理。

之后，当自己想抱怨的时候，我会先想一想："跟别人比起来，自己还是觉得安心，表示别人更令人同情，那我还算好的吧。""我在抱怨一些即使抱怨也没用的事。"想清楚后，我的抱怨就少了大半（根据经验，如果我独自坐在寺庙正殿思考这件事，效果会更好）。

遇到非得找人倾诉的事，我会先跟对方说："接下来我要发牢骚，最后拜托你说一句'你的情况还算好的'。"然后，我就会尽情地大吐苦水。

一旦明白即使倾诉也改变不了事实，就能消除那些无意义的抱怨和愚痴的烦恼。

51
讨厌就说讨厌，开心就说开心

动物也有高兴、悲伤、厌恶、无聊等情绪。人类虽然有思考能力，但如果只有思考，就会像没有感情的机器。正因为有喜怒哀乐，人生才精彩。不过，人们都想避免产生负面情绪。

"感情"和"思考"，是两个完全不同的词。正因为人有思考能力，有时候才会受到感情的摆布。比如公共电车迟迟不来，看向时刻表和时钟，判断是电车迟到了，所以焦急不已。对于某件事，如果想着"这样做比较好"，要是结果令人满意，那倒还好，一旦结果与预期相反，就会后悔"如果没有这样做就好了"，并感到沮丧不已。

一艘艘名为"思考"的船，航行在人生的汪洋大海中，很容易被"感情"的海浪和漩涡吞噬。要想不受感情影响，是不可能的。就连我自己，也经常被卷入感情的海浪和漩涡，使数千艘智慧的小舟葬身海底。某段时间，我只能任由小舟在海上漂流，然后消失。

经历过这些，我会等到大海变得平静，或是小舟摆脱海浪的纠缠时，再去回想当时内心出现的负面浪潮，究竟是怎么一回事。

我终于了解，我厌恶什么，我的不快从何而来。比如，我讨厌被耍得团团转，无法忍受有人插队，不敢相信竟然有人那么没有公德心，在路边乱丢垃圾，或是受不了有人可以面不改色地说谎等。

对于自己无法容忍的事，或是发怒的临界点，我有非常清楚的认知。看到有人撑着手肘吃饭，或是听到有人吃饭时发出咀嚼声，这是我到现在还不能接受的。此外，一天到晚不停抱怨的人，我也无法忍受。

利用人性的弱点和善良，谋取自己的利益，这种社会上的恶，没有必要容忍。但是，如果可以提升自己的包容度，提高发怒的临界点，就可以延长内心平静的时间。这种境界，要承受过感情海浪的摧残、经历过反省之后才能达到。

要诚实面对自己的负面情绪，练习获得智慧和感情的平衡。

52
金钱是维持生活的手段，手段不能成为目的

有句话说："金钱是天下流转之物。"针对这句话，很多人都会说："问题是，这些钱都会从自己眼前溜走。"

金钱很重要。我们的衣食住行，都需要钱。也就是说，人生在世，没有钱不行。撇开自给自足的狩猎和农耕时代，如果自己不会织缝衣服、不会狩猎、不会培育农作物，也不会建造房子，都是拜托别人做，就必须付出金钱作为交换。

如果有多出来的钱，可以用来提升衣食住行的质量，也可以买首饰等喜欢的物品。那么对于钱，要多少才够？这要视年龄和生活状况而定。

有人半开玩笑地回答："钱当然是越多越好。"有人回答一亿日元（约合人民币 500 万元），有人回答一千万日

元（约合人民币50万元），有人回答数百万日元就足够。也有人回答，钱够用就好。

临终医疗提到的QOL（Quality of Life），即重视病患的生活质量，或许称为人生质量更贴切。当死亡来到眼前，医院会询问你："你想怎么活着？"

对于这个问题，每个人的回答都不同，但这不是简单地谈论如何生活，而是探讨如何活着的根本问题。活出自己、诚实认真、笑着过日子，这样的生活方式，金钱不是第一要素。

金钱只是维持生活的手段，手段不能成为目的。就像汽车只是移动的手段，让汽车移动不会成为我们的目的，道理是一样的。

金钱是工具，如果受金钱驱使，人生质量就会下降。没钱有没钱的生活方式，花点心思，还是可以提升生活质量的。

有句话是这么讲的："金银用过就扔是蠢人，食物不吃光存着的是傻瓜。"不要一味追求提高生活质量，生活过得去就好，对金钱的欲望刚刚好就好。

53

我的"随便锅"配上妻子的"认真盖"

"爸爸做事很随便。"儿子上初中的时候，曾经对我这样说。

于是，我回复他："'随便'的日文还可以解释成'恰当'，意思其实就是恰到好处。"

"爸爸又在随便乱讲，又想敷衍对吧？"

"你听我说。'いい加減'是这样用的。如果问'料理的咸度如何'，一般都会回答'刚刚好（いい加減）'对吧？意思就是恰到好处。"

"算了，败给爸爸了……"

对我来说，"恰当"和"いい加減"这两个词，都不是散漫或随便的意思。好比汽车的方向盘和门，都会留点空隙，意思就是留有余裕（虽然我这样解释好像有点越描越黑）。

俗话说："什么锅配什么盖。"散漫的我，却遇到了正经八百、无比认真的妻子。她一本正经，喜欢井井有条。对于总是正经的妻子，凡事随兴的我也不甚在意，觉得"那就这样吧"。但是对认真的妻子而言，做事随意、总是无所谓的我，偶尔会点燃她的怒火。

在我看来，一本正经的人都很坚持"事情应该要如此"，如果不按照规矩（很随便、没规律等）行事，就会无法容忍。就算再怎样要求，别人还是我行我素的话，只会让自己更加痛苦。

做生意和工作，一定要认真对待。如果随随便便，就得不到信任。然而，人生如果要活得很认真、要求过多，那么最好有痛苦会增加的觉悟。

看到没规矩、不认真的事就生气，那这些气能生完吗？让无数愤怒的种子发芽的，不是别人，正是自己。

顺带一提，虽然这里我好像把我的妻子写得很坏，但是她一点也不坏。我们家能够维持得井井有条、获得社会的信赖，全都是她的功劳。

54
疑心也是人生一大"苦"

疑心也是一种烦恼。如果对人起疑心,内心就无法保持平静;越是心存怀疑,就会离觉悟的境界越远,越觉得烦恼。

也就是说,内心的平静源于信赖和信用。我们想使内心平静,因此选择相信别人。而骗子正是看到了这个"弱点",反过来利用善良的人性。他们会施压说:"你不相信我吗?"善良的人就会过意不去,无法说出"我不相信你"。

但很遗憾的是,我们真的不能完全相信他人,背叛这样的事层出不穷。无论我们多么信赖一个人,对方还是会随着时间的推移产生变化。订婚时说"我会一辈子爱你",当下也是情意真挚。一旦周边情况改变,也可能说出:"我那时是真心的,但现在不这么想了。"

夫妻和朋友之间最重视信赖关系。但是，如果状况有所改变，即使是好朋友，也可能互相背叛。而且事实是，人或环境的状况，时时刻刻都在变。

如果不相信人心会变，那就要小心了。怀有"好朋友不可能背叛我"的浪漫想法，你就要有所觉悟，当遭遇好朋友背叛的打击时，你才会醒悟"把那种人当好朋友，我真是愚蠢"。

前文提到，只要起疑心，内心就无法保持平静。正因为如此，信用和信赖才非常重要。比起信任对方，应该先让自己值得信赖。为了让自己在任何情况下都不会变卦，继续维持彼此的信赖关系，就要学会应对变化。这需要踏实的努力和大量的时间。比如，妻子明明吩咐我："把晒干的衣服收进来。"我却因为专注于写稿，直到衣服晾在外面沾到露水，都没有收进来。所以，我才说这需要踏实的努力和大量的时间。

与其怀疑对方值不值得相信，不如先让自己值得信赖吧。

55
无法反驳的孩子，内心不是悲伤，而是愤怒

一定有很多人，小时候被爸妈骂过"你为什么不听话"吧。"为什么不听话"乍听像是疑问句，其实是要求孩子"要听话"。

如果孩子回嘴"那是因为……"，又会被骂"哪有那么多为什么"。孩子会不知该如何是好。面对父母的责骂，幼小的孩子根本不知道如何反驳，也没有反驳的勇气。

父母怒斥孩子不听话时，如果回嘴"我就不想××啊"，父母往往会语带威胁地丢下一句："那你以后会怎样，我就不管了。"孩子知道自己需要父母的保护才可以生存，只好听父母的话。这种父母教养孩子时，不是过度保护，就是全然放任，徒具大人的外表，实际上是"欺负弱小的幼稚鬼"。

对于不会反驳，也没有勇气反驳的孩子，父母为什么要如此疾言厉色？那是因为他们要教孩子在社会上生存的智慧，也就是所谓的"教养"。但是，这种教养的根本，往往都是站在"父母的立场"上。从某种程度来说，都是父母强迫孩子配合自己。

我们给孩子的教养，是否勉强了孩子呢？这是我们应该自我检讨的。无法反驳的孩子，如果被迫做不愿意做的事，他们内心累积的不是悲伤，而是愤怒。长久下来，他们会处于怒气无处发泄的状态。如果放任不管，他们的怒气就会发泄到其他地方。累积到青春期的怒气，一旦爆发，甚至可能导致家庭瓦解。基于这个原因，家庭暴力往往由父母传给孩子，孩子又传给下一代。

请回想一下自己小时候的样子。要想阻断负面连锁反应，在听到孩子辩解"那是因为……""可是……"的时候，请一定要好好倾听。"我知道你想说的是什么。不过，我不能同意，那是因为……"请拿出耐心解释给孩子听。面对孩子的反驳和攻击，请务必承受。

因为没耐性，而惹小孩生气的父母，才是应该检讨的那一方。

56
身陷污泥，如何绚烂绽放

嘉永[1]二年，在连接隅田川的柳桥旁，有一间叫"水熊"的料理茶屋。临近深秋的某天，一个三十岁左右的赌徒，来到厨房门口想问老板娘事情。老板娘误以为男子是来勒索钱财的，于是把他带到房间训斥了一番。

男子名为忠太郎，原本是近江国[2]某间六代相传旅店的少爷。他五岁时，母亲因受不了父亲的花心而离家出走，至今已二十余年。不知不觉中，他竟变成了地痞流氓。

即便如此，忠太郎仍思念着抛弃自己的母亲，想着母亲可能过着贫困的生活，于是怀中藏着百两黄金到处

---

1 日本年号之一，指1848—1854年间。
2 日本古代地理区域，大约是现今滋贺县。

流浪,想把钱交给母亲。他听说"水熊"的老板娘可能就是他的母亲,所以跑来询问。

两个人说了很多话,老板娘训斥忠太郎:"如果是来找母亲,为什么不改邪归正了再来?"

忠太郎的回答让人热泪盈眶:"老板娘,我谢绝您的好意。责备因被父母抛弃而走入歧途的孩子,情何以堪?改邪归正为时已晚啊!我堕入歧途难以抽身,就算想洗白也洗不干净,也改不了浪迹天涯的习惯。事到如今,已经无法回头了。"〔以上故事情节,选自长谷川伸的名作《睑之母》(『瞼の母』)〕。

忠太郎倾诉自己变成流氓混混也是身不由己。虽然这段故事令人鼻酸,但我每次读到这里时,都会想到莲花的形象。

莲花从污泥中长出茎,开出漂亮的花。它的茎、叶和花,都不会沾上污泥。人们之所以重视莲花,是希望自身能够像莲花一样,出淤泥而不染。要是把自己遭遇的不如意和不幸怪罪于他人,就好比莲花沾上了污泥。其实,就算周围都是污泥,人也应该像莲花一样,拥有绚烂绽放的能力。

发生不如意的事,如果只知道生气和推卸责任,逃避现实蒙混过去,一旦事情再度发生,还是一样生气,还是会把责任推给别人。

我们要坚强地面对不如意,想想出淤泥而不染的莲花,正视眼前发生的事,开出属于自己的绚烂花朵。

57
想要到彼岸，就赶紧渡河

日本有一句俗谚："边敲石桥，边过桥。"[1] 用来指爱操心的人，也比喻人很有危机意识。

"边敲石桥，边过桥"的前提，是一个人想走到桥的另一边，或是必须过桥。如果不想去桥的那一头，那根本就不必过桥。

因此，我在这里想谈论那些明明知道自己想做或必须做，却迟迟下不了决心，慢吞吞、磨磨蹭蹭的人。有些人会过度操心，直到过了桥为止，过程中都在担心"走这座桥，我会不会掉下去"。

有些比较极端的人，明明敲桥确认了，却还是无法

---

[1] 意思是：过石桥时一边走一边敲击石头，确认桥是否坚固。

完全相信，宁愿站在桥边等，看着别人顺利过桥才肯走过去。担心到这种程度，若是遇到看起来很容易断的藤蔓吊桥，即使看见有人顺利过桥，也会觉得轮到自己过桥时藤蔓就会断，从而一辈子都无法到达彼岸。

甚至，有些人因为过度担心而在桥上使劲敲打，结果把桥敲坏了。如果不乱敲，也许早就顺利过桥了。明明是自己把桥敲坏了，却还认为"桥果然坏了"，在心里松了一口气。桥坏了，就无法到达彼岸，怎么会松一口气？我身边有人明明打算结婚（到彼岸），所以订了婚，却因为婚前焦虑，最后反悔不愿意结婚。我想说的，正是这种情况。

想要到彼岸，就不要怕东怕西，直接过桥即可。如果桥在中途断了，就随机应变，游泳渡河也可以，或是游回来再想别的方法。如果想到达彼岸，那就不要犹豫、不要试探，赶紧渡河。

当然，这是指一个人的情况。如果要带领其他人一起过桥，就不能说："大家赶快过这座桥，就可以到达对岸。"不能因为个人的轻率行动，而把其他人都拖下水，这时要有明确的危机意识。

58
总想维持现状，你很难做自己

"现在的自己不是真正的自己，真正的自己一定藏在某处。现在的自己，是从放有几百颗玻璃珠的箱子里，一颗一颗拿出来说'不是这颗，也不是这颗'的其中一颗。再这样下去，我就找不到闪闪发亮的'真正的自己'了。

"为了寻找真正的自己，我不能维持现状，做和以前一样的事。因为，到目前为止，我还没有找到真正的自己。

"所以，我打算给自己一些压力和刺激。就像受到刺激会发光的萤火虫一样，我一定会在众多的玻璃珠中，找到那颗发亮的'真正的自己'。"

有些人是怀着这样的想法,独自到四国的88座灵场[1]巡礼参拜,以及到世界各地旅行的。

像这样的人,我也认识几个。他们最后都会明白,一直寻找的那颗闪闪发亮的玻璃珠,根本就不存在。他们用闪亮的眼睛告诉我,真正的自己,是由很多玻璃珠组成的,自以为是的自己、贪慕虚荣的自己、玻璃心的自己,这些全部合起来,就是"真正的自己"。

他们不再寻找所谓的真正的自己,而是继续朝着梦想前进。这时,摇一摇装有玻璃珠的箱子,会发现全部的玻璃珠都在发光。

不要盲目地找寻自我,给自己一点压力,或许就可以发现真正的自己。

曾经有人跟我说:"一个人到处寻找闪闪发光的、真正的自己,是因为还不具备让自己发光的能力。不努力提升能力,还一直以为自己有特殊才能,所以不断寻找,感觉很丢脸。"

---

[1] 指日本四国岛境内,88处与弘法大师(真言宗开山祖师)有渊源的寺院。

拼命寻找闪闪发光的玻璃珠，就无法发现你拥有的其他玻璃珠正发出微弱的光。所以，先好好看一看现在的自己吧。

Chapter 5
一加一只会等于二，这就是放下

当你感到烦恼的时候，
不妨找一处可以听见内心声音的场所，
静下来聆听。

59
说大话未必是坏事

言语是把双刃剑，说出口的话一定要做到。一旦宣布"我要做这件事"，就会产生压力，进而不断产生动力，直到达成目标。所以说，"说大话"也未必全是坏事。

学生时期，某次放学途中，我的初中同学自信满满地与我分享他的梦想。他说："将来，我要住进有棕色瓷砖的高级公寓。"当时，他家还住在一户建[1]里——在1975年到1984年间，比起一户建，很多初中生更向往住在钢筋混凝土的高级公寓里。在那个逐渐丰裕的年代，大家都想要过得更好。后来，他很高兴地对我说，他在二十多岁时就卖掉了一户建房子，与父母一起住进了很气派的高级公寓。

---

[1] 一户建是日本最为常见的独门独院的普通住宅，大部分是木结构的。

另一方面，有些人为了显示自己很厉害，不惜夸口说大话。有句谚语："越弱的狗，叫得越大声。"正是因为没有实力，才需要虚张声势吧。所以才有"纸老虎"的说法，还有《伊索寓言》里的青蛙妈妈。纸老虎一经风吹雨打，就露出难看的骨架；青蛙妈妈一直胀大肚皮，最后砰的一声把肚子撑爆。

"虚荣心让自己痛苦，做符合自己能力的事就好。"这样想明明就很好，有些人却总爱吹嘘："别看我现在这样，以前我可是很厉害的！"或是把无法实现梦想的原因归咎于他人。这些人讲起借口来，个个都是天才。

我说的不是那些退休后，觉得生活没有意义的长者，而是许多十几岁、二十几岁的年轻人，不顾周围的目光，拼了命地想要让自己看起来比实际年龄大，以此来博取他人的关注。

每个人都有能力让自己变得更好。100米短跑项目的选手，经由一点一滴的努力，确实有可能让纪录快0.01秒。因此，选手会设定有一定难度的目标，这并不是为了夸大自己的能力。放弃虚荣心，先正视真实的自己，再稍微抬高自己一点就好。

60
不要跟人比较，自己就很好

"名取先生，您写的书好像是给年轻人看的，但其实七十岁以上的长者也在看呢。如果不想办法帮助这些人，将来办丧礼时我们会很辛苦。"

一位超过七十岁的比丘尼[1]，跟我讲了这番话。她在社区的文化中心开设讲座，很积极地与社区居民互动。

我问她为什么这么说，她告诉我，许多七十岁以上的长者，都觉得和别人比较是很理所当然的。

与别人比较，如果自己比较好就觉得安心，比别人差就觉得很自卑。

"年轻一代的人，从小听'世界上唯一的花''大家

---

1 指满二十岁受了具足戒的出家女子。

都不同，大家都很好'的话长大，对于'比较'这件事不会盲从，所以还好。不过，连我在内的团块世代[1]，以及更早出生的人，由于同时代的人非常多，所以会想通过区别自己和他人，创造自我认同。我们是必须通过比较，才能够找到自我存在感的可怜族群。"

这位比丘尼不愧是精通各种智慧的修行者，非常了解与人比较的危险性。

从昭和年代至今的日本教育，就是"枪打出头鸟"——和别人一样才更容易生存，这是小岛国特有的处世之道。以这种处世之道为基础，再通过竞争成绩和排名，提高整体水平。全员互相竞争、力争上游，整体的水平就会提升。

而且，战后日本的社会氛围是"明天会更好"，大家都体会到了生活质量的全面提升，所以不觉得"比较"有什么不好。生于那个时代的孩子（包括我），都是接受

---

[1] 指二战后出生的第一代。

偏差值[1]制度的,所以觉得有比较是很理所当然的事。

"比较"这种事,如果比较的结果是自己比较好,自己感到高兴,就会伤害到别人;如果自己是比较差的那一个,就会悲伤,甚至失去自我。所以,停止比较吧。不需要跟别人比较,自己就很好,有绝对的存在意义和价值。人其实只要能脚踏实地、坦然生活就好。

---

[1] 指相对于平均值的偏差数值,是日本对学生智力、学力的一项计算公式值,数值以50为平均值。

61
赢的人和输的人，都不开心

公司同事之间，彼此作为对手互相切磋，互有输赢也互有帮助，不管结果如何，良性竞争的关系最为理想。如果同事抛下自己，先晋升上位，或只有自己出人头地，总觉得内心五味杂陈，高兴不起来。

另一方面，同班同学或同年级的学生，由于大家所在的行业不同，工作的领域也不同，所以不容易产生自卑感或焦虑感，可以释怀。这就好比柔道选手与书法老师，两者无法相提并论。

因此，问题出在"身处同一个领域"。

同龄的人，会比较收入的多少、有没有成家、有没有照顾父母等，什么都可以拿来比较。这些事情一比就高下立判。如果很爱比较，不是沉浸在优越感里，就是陷入自卑和畏缩中。

公司同事之间，由于范围很小，升职与否经常被拿来作为比较的标准。我身为僧侣，几乎与出人头地沾不上边。不过，我也知道出人头地需要具备某些条件。比如，工作能力很好、很受欢迎，要不然就是很会讨好主管，或是靠关系升迁等，这些原因我都想象得到。

如果接受不了同事领先自己晋升上位，很可能陷入自我厌恶，或是嫉妒对方。不过，就算再怎么无法接受，公司的人事调整都是由专业人员做出的，他们比运动场上的裁判员更有权力，你也只能接受。这时，你能做的只有调整心态，想一想同事之谊、理想的良性竞争，并为升职后责任加重的同事加油。如果觉得自己无法真诚地祝福，就应该检讨自己的气量是否太狭小，这样才能让自己变得更好。

相反地，如果只有自己晋升，也要保持伙伴意识，当同事遇到问题时，别忘了给他们好的建议。成员之间相互依赖，才能成就一个组织。

62
低调却不张扬，才是真本事

"有本事的人如果自以为是，就不会洒脱。"这句话我很喜欢。即使是真正了不起的人，如果总是一副自以为是的样子，也会变得不讨人喜欢。"稻穗越是成熟，头垂得越低。""柳树种得越久，枝条就越垂向地面。"这些谚语告诉我们，谦虚是一种美德。因此，我看到"有本事的人如果自以为是，就不会洒脱"这句话时，不禁莞尔。

现实告诉我们：没本事的人才爱虚张声势。那些想让自己看起来更强大，想要获得别人认同，因此而拼命努力的人，都有他们的可爱之处。

我们在与人交往时，可以大致清楚对方是什么样的人。这与他做了什么，或是能力如何没有关系，而是从他的言行，推测他的为人。一个成功的人，几乎都是因为他的努力成就了现在的他,这可以从他的言行中看出端倪。

假如对方已经看穿了自己,再怎么装模作样、自以为是,都没有用。在我们的周围,这样的反面教材有很多。但即使如此,我们还是可能犯下这种错误,因为我们太想获得别人的认同。

假装自己很厉害,或是自以为是的人,都有莫名的自信。不过,就好比《淮南子·原道训》里所说:"夫善游者溺,善骑者堕。"对自己的游泳技术很有自信的人,到急流处或是海上游泳,反而溺毙;会骑马的人,因为非常有自信,用危险的方式骑马,往往落得坠马受伤的下场。过度自信反而会招致灾祸。

"鼻子高高的天狗面具,从内侧看其实都是洞","越高的鼻子,越容易断",说的都是同样的事。

不需要抬高鼻子,以真实的样貌示人,也能被人看重。人不要自傲,但也不要自卑,放弃装模作样和自以为是,真实过日子就好。

63
你以为的安定，最不安定

"放弃'安定'，充满活力地过日子吧！"看到这句话，你内心可能会排斥："我才不要呢！"虽说如此，但无论古今，都逃不过一个大原则，那就是——没有任何事物可以安定不变。

世上所有事物，都是众多条件的集合体。结婚三十周年纪念日时，我买了一对太阳能手表当作礼物送给妻子，并告诉妻子："接下来，我们要一起度过日日夜夜，一起铭记时间。"但孩子们看到了却说："这种表，在你们死了以后，还是会继续运作吧。"我们听了，真是百感交集。

如果没发生什么事，太阳能手表应该可以平稳运作很长一段时间。可问题是，不可能不发生任何事。

比如，随着时间流逝，表壳的金属、玻璃，以及合成皮革的表带，都会慢慢劣化；如果手表遭遇重击，也会变形或是坏掉；如果不小心把其中一块手表遗忘在了某处，对表就会少一块，就凑不成对了。

社会形态会随着时代、经济的改变而改变。至于人际关系、个人收入和健康状态，也会因为一些外在因素，导致状况不断产生变化。这是我们无能为力的事。

想要祈求安定，就必须不断应对变化。什么也不做，一直游手好闲，是不可能让生活安定的。

放风筝时，为了让风筝继续飞翔，我们得顺应风势，一边控制力道，一边调整线的长度；为了让菜刀的刀刃保持锋利，用完就得磨一磨。此外，到了结婚纪念日，如果不表示一下，比如送对表当礼物，就无法维持安定和谐的夫妻关系。

从结果来看，为了维持稳定的状态，必须在不稳定之前，做出应对。

不要以为世事能永恒不变。如果不懂得这个道理，遇到变化就会无法接受，因此陷入痛苦。

放弃求安定的想法，让我们乐于应对变化，充满活力地过日子吧！

64
觉得别人不认同你，就倾听自己内心的声音

想要获得关注、想听到赞美、想被肯定、想成为有用的人，据说在昭和时代，这四个愿望如果有一个得到了满足，人就不会想要自我了结。就我自己来说，直到现在，我还在为了实现这四个愿望而活。

如果有人说"我读了您的书"，我会高兴到想和他握手；如果有人夸赞我"您的书写得很好"，我会非常喜悦；如果有人认同我的努力，我会想拥抱他；如果有人告诉我"读了您的书，我的心情轻松多了"，我就有继续写书的勇气。

可惜的是，人生不会只有愉快的事。当妻子用仿佛我没有存在感的语气，对我说"哎呀，你在啊"，我就会变得很沮丧。我总是拼命表现，但要是得不到关心和认同，就会陷入"没有人懂我"的负面情绪中。这个时候，

我会选择独自坐一会儿。后来，我想通了两件事。

第一件事是，"我总是觉得没有人认同我，但我有好好认同过别人吗？我连把谁放在心上想超过5分钟都没有"；而第二件就是，"即使没有人认同我，我也一直都认同我自己"。

做事如果没有获得认同，有些人会自暴自弃地说："反正我不在意别人怎么想。"但其实，真正"不在意别人看法"的人，根本不会在嘴上抱怨，他会默默地相信自己，走自己的路。

如果你很在意别人是否认同你，我建议你选一个僻静之处，倾听自己内心的声音。当你感受到"被认同"的感觉，就是内在真实的自我，在向你传达信息。

当你感到烦恼的时候，不妨找一处可以听见内心声音的场所，静下来聆听。

65
夫妻吵架，
连狗都不理

我不跟人争胜负。虽然有时候会自我挑战，但是心中没有胜负。至于我为什么不争胜负，因为我非常不好强。

或许有人会想，如果讨厌输，那努力让自己赢不就好了吗？但只要是争胜负，有人赢，就一定会有人输。与其说"我想赢"，倒不如说我是"不想输"。一旦执着于输赢，就无法自在。执着于"不想输"这件事，也是痛苦的来源，但我就是改不了不好强的个性（不过，也是因为这样，我不爱争胜负，所以我们夫妻几乎不怎么吵架）。

和家人一起玩扑克牌等输赢分明的游戏时，我早就立下了三张字牌当后盾，内容分别是"虽败犹胜""三十六计走为上策"，以及德川家康的家训"只知胜而不知败，必害其身"。不要笑我堂堂男子汉这么没出息，输了总得找个借口掩饰一下吧！

不过，大部分的纷争，只要有一方不意气用事、先行让步的话，就可以很轻松地化解。当我了解了这一点之后，我和妻子吵架的次数就变得越来越少。夫妻吵架的理由，与争胜负一样，都不是什么大不了的事。所以自古以来，就有"夫妻吵架，连狗都不理"这样的说法。

与人争斗，赢了就雀跃欢欣，输了就懊悔不已。无论是赢还是输，内心都无法保持平静。对于现在的我来说，"放弃争斗"就是把自己的心置于胜负之外，用平静的心面对生活。

66
这些警示，你能做到几个

有些警示值得人们学习，比如约束内心的警示，不贪、不发怒和不心存邪念，这些会让人们内心安定。另外，还有与说话相关的警示，说话会显露一个人的内心状态，所以也是约束内心的方式，是让人不要隐藏或修饰真正的自己。

不说谎。说谎的目的，就是想隐藏真相，而一旦真相被发现，就会失去信用。明知道可能失去信用，却还是用说谎来掩饰自己。这种用说谎掩饰的事物，几乎都没有价值。

不说漂亮话。把自己明明做不到的事，说得好像自己能做到一样，这就是想要修饰自己的表现。好比处在青春期的年轻人，最爱讲"我其实做得到，只是没做而已"。

不说无礼的话。所谓无礼的话，就是威吓别人时说的粗言恶语。情绪上来时，即便是平时正常说话的人也会口出恶言，好比猫为了威吓敌人，浑身竖毛让自己看起来变大了不少一样。因此，这也是一种修饰的表现。

不说人坏话。为了让自己看起来很好（修饰自己），到处挑拨说人坏话，这种人的内心一定无法平静。

我们往往用言语和物品来装饰自己，隐藏真实的自我。如果装饰过多，不仅要花很多时间去维护，总有一天我们终将会失去它。卸去装饰，呈现自己本来的面貌，让我们好好磨炼真实的自己吧。

67

"希望别人懂我"是强人所难

除非对自己很有自信,否则大部分人,都渴望别人理解自己。

日本创作歌手因幡晃的《请谅解》(『わかって下さい』)是昭和时代(1926—1989)的人气歌曲,描述了女子对已分手的恋人无法忘怀的心情。歌词提到,女方一直保留着二十岁时男方送给自己的金戒指,并猜想男方是否还留着两人的黄色情侣对杯。整首歌如泣如诉,非常动人。

这首让昭和时代的男性感动到热泪盈眶的歌曲,到了平成时代(1989—2019),却被我三十几岁的女性友人批评。她说:"都分手了,还希望女生对自己念念不忘,只有没出息的男生才这样想,这有什么好感动的?"

对于无法用普通语言表达心意的对象(分手的恋人、

亡者等），把心情写成诗，或是谱上旋律，这种单纯的想法很可贵。如果想法是当你说"请你了解我"时，别人就回答"好的，那我就了解你"，世上哪有这么简单的事？

对方也有自己的事情要做。如果每天花很多时间想着对方，或许会出现心灵相通的情况，但事实是，怎么可能有人一整天都在揣测别人的心意？因此，"希望别人懂我"这种事，本来就强人所难。有些人的想法更是天真，一边希望别人了解自己，一边却又不想试着去了解别人。这种人的气量太狭小。

因此，真的希望对方了解自己的想法时，不妨坦白地告诉对方："我已经竭尽全力了。""我不是为了自己而说，是为了你。""这件事我无法认同，所以我不想做。"

当然，即使把自己的想法告诉了对方，也不能期待对方会了解。因为，对方有他的立场，也有他自己的考量。因此，最好要有"就算对方不了解也没办法"的心理准备。

如果还是无法释怀，就把自己的心情写成歌，唱一唱发泄一下吧。

68
想得到更多称赞，评价反而会变差

无论是工作还是生活，别人向你求助，如果你只是敷衍了事，下次别人就不会再向你求助了。了解其中利害的人，会回应对方的期待，并努力做到最好。努力之后获得好结果，你的努力和成果都会获得肯定。

看到对方为自己努力，多数人会觉得很高兴，也会表示感激："谢谢，承蒙你的帮忙。"

但是，如果想要得到更多的称赞，你的评价反而可能会变差。比如，期待对方进一步夸奖"你真是了不起"，那就太贪心了。宠物犬渴望主人称赞，会用肢体语言热切地表达"快称赞我，快摸我的头，说我是乖狗狗"。但如果换作大人这样做，只会让人觉得无比傻气。

托大家的福，至今我已经写了将近 30 本书。每本书中我都会提同一件事，那就是在我们的日常生活中，一定会有一些微不足道的小事，让你觉得今天真开心。如果你完全察觉不到，那就是你的感受能力太迟钝了。

曾经有位读者寄来感想，他说："您说的道理我都懂，我也很想做到，但就是很困难。"

身为作家的我，听了真是不甘心。为了向大家证明我一直都在实践这件事，我很勤劳地在博客中分享每天发现的小事。

在一天的生活中，我会发现一些暖心的、令人鼓舞的事，以及让自己反思的事。我写的不单是"发生了什么事"，而是记叙那些眼睛所见、耳朵所听、鼻子所闻、舌头所尝，以及身体所接触的事物，给自己带来怎样的感受。还有，这些感受是如何成为自己内心的养分的。

我写博客，不是为了得到夸赞，只是想跟大家分享，在日常生活中，确实可以感受到许多小确幸。如果可以察觉到日常的小确幸，就不会再一心渴望获得别人的称赞和肯定。日常生活的事物，让你产生什么样的感受，是否让你的内心更充盈，不妨多用点心思考看看。

69
羡慕是好事，嫉妒就是毒药

"美"这个字，由"羊+大"而来，也就是形状美好的大羊，字典解释"义、善和祥等字，都内含羊的字形，这是因为在周朝，羊是最重要的家畜"（周朝是汉字数量飞速增加的时代）。

看到美味的羊肉料理，口水直流，因此"羊+口水"就变成"羡"字，意思是羡慕。"羊肉料理看起来好美味，我好想尝一尝。"这个字表示这样的心情。看到别人拥有比自己好的东西和状态，自己也很想得到，或是达到那样的境界。

类似的表现有嫉妒、眼红。在《角川近义词新辞典》[1]中，我读到两种有趣的解释。

---

1 日本第一个划时代的词库，收录约 50,000 个现代日语单词，按照含义进行分类和体系化。

其一是下面这段文字:"'羡慕'一词,单纯表示很憧憬,想要达到对方的境界。相对地,'嫉妒'一词,虽然认同对方的优点,但却怀有恶意,暗自期待对方失败。"

其二是这样的表述:"羡慕,表示自己也想达到对方状态的心情。至于嫉妒,则表示自己想要将对方拉下台的心情。"

看到别人比自己好的优点,觉得很羡慕,努力想要达到那种状态。这种羡慕心使人向上,所以不是坏事。

不愿意努力,也清楚自己不可能达到那种状态,于是从一开始的羡慕变成嫉妒。希望对方失败,处心积虑想要把对方拉下台,这样做反而糟蹋了自己宝贵的人生。

某个落语桥段,就是在嘲弄羡慕的心情。岁末年终时,长屋[1]的居民看到有人手提风干鲑鱼走出去,就说:"喂,看看那个鱼,真好啊!都不用自己走,只要像那样吊挂着就好,我下次投胎,就当风干鲑鱼好了。"我很喜欢这个桥段。

---

1 指一连串相连并排的房屋,这种房屋的历史可追溯至日本江户时代,为了应对迅速增加的人口而兴建。

每当我觉得羡慕他人时,脑海中就会浮现风干鲑鱼的形象。然后,我就会停止羡慕,努力去做自己该做的事。

70
不要后悔之前的决定，你只是绕了一下远路

"如果当初那样做就好了……"有些人容易触景生情，回想起过去时，总是怨叹不已。

在科幻故事中，经常提到某人在某个时间点做了某个选择，于是出现了另一个平行世界。虽然科学中有这种假说，但是真的要我们从过去的某个时间点前往另一个平行世界，以现在来看根本不可能，简直是在说梦话。

明白梦想不切实际，只是愉快的幻想，倒也无妨。"如果当时没有远离那些坏朋友，现在我就会坐牢。"如果过去的选择没有错，就不会执着于过去，偶尔回顾、感叹一下也没什么。

但如果一直心存悔恨，总想着："如果当初做了别的选择就好了……"无法完全放下时，就要用智慧来解决。

从个人经历来看，无论对现状满意与否，人对于平行世界的幻想，只是单纯想象如果做了不同的选择，会是什么样的情况而已。就好比问成功人士："如果您没有从事目前的职业，现在会做什么工作呢？"

无论你觉得现在过得幸福与否，如果在过去某个时间点做了别的选择，你幻想中的"不同的现在"会是怎样的呢？比如，"假如与初恋情人结婚了"，你幻想的可能不是与初恋情人恩爱生活，而是"喜欢的人一直在身边，觉得好幸福"。所以，你真正的目标是拥有"幸福的家庭"。拥有稳定的收入、很多朋友和健康的身体等，人们幻想的，都是拥有健全的人生。

既然如此，你应该明白，正是过去的选择，才造就了现在的境遇。为了达到幻想中的健全目标，只要改变现在和以后的生活方式就好。也就是说，你只要朝着幻想中的终极目标前进，前面走过的路，都当作是绕了远路。而如果你对目前的生活比较满意，就会发现，其实你已经达到目标了。

放下过去，向前迈进吧。

71
人生就像走独木桥，总得有人先靠边站

人际关系，就好比走在独木桥上。对面有人走过来，就会撞上，如果没人愿意先退一步，双方都互不相让，双方就都无法前进。比如被家人要求早点睡，但如果有必须做的事，就无法达成。

一般来说，职场都是地位较高的人优先。在家里，则是处理家务、掌管家计的人优先。在没有利害关系的情况下，说话大声的人就优先。男女之间，则是以女性为优先。

每个人都有各自的理由，希望以自己为优先，所以经常发生冲突。为了避免冲突，只能由一方先行退让。就像走独木桥，一定得有一方先撤回桥的一端才行。

如果桥很短，往回走不用费很多时间。比如，家里

谁先洗澡，就是桥很短的情况。有人说："我等一下再洗。"另一人说："那我先洗。"问题就可以轻易解决。晚餐要吃炸猪排还是生鱼片？大家意见相左时，稍微退一步就好："今天就吃你想吃的炸猪排。明天再吃生鱼片，也可以吧。"

但是有些人，即使是很短的桥，也绝对坚持要自己优先，简直无比任性。即使对方善意退让，他也毫无察觉，还很傲慢地想："你看看，我才是对的。"连一句感谢的话都没有。

不过，要是很长的独木桥，想往回走就麻烦了。如果是很计较利益得失的人，与做事固执的人遇上了，双方就会互不相让。幸好那些很长的桥，通常都会设置许多待避区。"我往旁边站，让你先过好了。"于是往旁边移动，让对方先过。

每个人都有自己的考量，所以不要命令别人"我要过，你闪一边去"。应该站在对方的立场想一想，暂时移到待避区等待。如此一来，走在人生的独木桥上，你也可以从容前行。

72
只想讲道理，
没人想听你的

有句话说："经验是无价之宝。"别人的经验无法变成自己的经验，自己亲身经历得到的知识和智慧，也是自己独有的。

即使你的人生没有什么特别经历，但其实，活着本身就是一种经验。

三岁的孩子有三年的经验，二十岁就有二十年的经验，五十岁就有五十年的经验，八十岁就有八十年的经验。从人生体验中学到的知识和智慧，都藏在内心深处，必要时就会出现，告诉你"这个时候应该这样做"或者"这个时候绝不能这样做"，帮助你顺利度过每个新的一天。

因此，有些人看到别人的做法和想法与自己不同时，就想根据自己的经验,指导对方:"我一向都是这样做、这样想,绝对错不了,你也应该照这样做。"即使不了解别人的经历,还是想苦口婆心地"给建议"。

问题是,"自己的经验"只是个人经验,如果自以为"这个世界就是这样,这样做才对",那就是"上对下"的看法。对"上对下"态度不完全赞同的人,不妨想成别人也是好意,要是听到对方说"这个世界就是……",内心马上自动转换成"就我个人经验来说……"。

遇到任何事,如果都用"上对下"的角度分析,一直想讲道理给别人听,大家就越来越不想听你讲话。因为你少了谦虚的德行。

"这件事,我会这样做,但我不知道此方法是否也适用于你。你是怎么想的?"当有人询问意见时,如果可以像这样用"下的角度"回复就很好。

以我的经验来看,说话总是一副"上对下"语气的人要注意。"这件事应该这样做""该怎么做你知道吧"——曾有人说过,这种说话方式就是"对属下的说话方式"。看来,我们说话得多注意了。

Chapter 6

乐观和爱，才是生活的解药

虽然我觉得自己是对的，
但是每个人的价值观都不一样，
一定会有人不认同。

1. 一年前
2. 现在

还不晚，还不晚

73
奢侈品能填补空间，却补不了空虚

二十岁以前，我住在六张榻榻米大的和室里。墙壁是传统的灰泥涂料，木纹的天花板很朴素。一到夜晚，木纹看起来就像眼睛，我仿佛看见了蒙克[1]的画作。房间里有一个壁橱，照明灯也是纯和风，开关灯都用一根拉绳控制。

二十五岁左右，郊外开了一间平价的北欧家具店。家具的设计保留了原始的木纹，简单又高雅，让我惊为天作。我花光身上带的所有的钱，买了椅子、小桌子和垃圾桶。

当我得意扬扬地把新家具搬进房间时，却发现它们与房间格格不入，看着非常不顺眼。我只好把和纸推拉门贴上大理石纹的壁纸（贴壁纸时，有空气跑进去，因

---

[1] 爱德华·蒙克（Edvard Munch，1863年12月12日—1944年1月23日），挪威表现主义画家、版画复制匠，现代表现主义绘画的先驱。

此贴得很不平整，看起来惨不忍睹），还在榻榻米上铺了蓝色的人造纤维地毯。一通胡乱布置后，很难提高雅一说了，房间看起来简直一团糟，因此在房间里待着实在让人不自在，后来我就不常待在房间里了。

因为改变了一部分风格，为了保持一致的风格，就会想改变其他部分，这种情况很常见。比如，我的妻子很喜欢买包包，我问她为什么，她噘着嘴回答："并不是我喜欢包包，只是为了搭配不同时间、地点、场合的穿着，所以一个包包哪够用？"

购买高价物品的人常说："比较贵的东西用得比较久，这样很省钱。"但事实是，买了一件高价物品，就会想让手中的其他东西配得上它，这是人之常情。买了想要的家具，也会想买其他日用品做搭配。有些人甚至为了搭配家具，想翻新房间或房子呢。

无论周围填满多少奢侈品，如果生活和心灵很空虚，也还是会显得格格不入（如果想要体会这种感觉，可以改造自己的房间，彻底大改一番最好）。

与其用奢侈的生活和物品满足心灵，不如拥有一颗简单的心，即使在荒芜的无人岛上生活，也能过得充实自在。

74
尽人事之后，顺其自然就好

有时候，明明不想拖拖拉拉地做事，想早点结束，却往往进展得不顺利。所以要进行商谈等工作，一定要有缜密的计划，因此多花点时间也是应当的。但在日常生活中，许多事却不是光有计划就可以的。

晚餐要吃什么，如果没有预先想好，就无法买食材；想结婚，却找不到结婚对象；明明离婚比较好，却下不了决心；截稿日期将近，却写不出东西……

这种时候，多数人都会建议"顺其自然就好"，这真是很有道理的好建议。"有志者，事竟成"，在说这句话之前，要知道世上所有事物，都是顺其自然，而且也只能顺其自然。凡事只能尽人事，听天命。

即使没想好晚餐要吃什么，只要去超市，食材就会发出信号："今天就用我做料理吧。"你乖乖照做就好。如果没感应到任何信号，那就前往熟食区，贴有降价标签的料理正在等着你。

假如无法找到理想的结婚对象，考虑到自身条件，所谓的"理想伴侣"，还是想想就好。把条件放低，彼此可以愉快地互补，合适的人选就会变多。如果这样还是找不到结婚对象，那就顺其自然吧。伴侣不一定都要走入婚姻殿堂，彼此做伴过日子也是一种办法。即使一辈子都单身过活，这也是"顺其自然"的结果。

想离婚，即使考虑到经济和孩子，迟迟无法下决心，但还是无法容忍伴侣的所作所为，必须分开各自生活才可以缓解精神压力，那就只有离婚了。这也是顺其自然。

写稿也是，如果被逼得走投无路，就会挤出字来。或许是因为看开了，想要顺其自然，心里自然就有余裕，于是就可以继续写下去。

尽人事之后，不要着急，顺其自然就好。好比老鹰在天空从容飞翔，这种豁然、大气的生活方式，值得你我学习。

75
想也没用,不要再想,就当作不可思议

"注定"这个词,虽然不是很常用,但我非常重视这个词。

我们会产生厌恶、悲伤、愤怒、哀伤等负面情感,都是因为遇到不如意的事。如果诸事顺遂如意,就不会感到痛苦。不过,世上多的是不如意、不顺遂的事情。因此,想要减少痛苦,就要减少自己的期望。

期望就好比停在树上的鸟,鸟太多,树枝就会折断,甚至到最后整棵树都会枯死。同样的道理,如果期望越多,心灵就越趋枯竭,怎么可能活得开心自在?

苦就是不如己意。不过,"不如意"还有另一个重要意思,那就是世事早已注定,"没有自己期望的余地"。

天气不会因为自己而改变,因为早已注定;年纪增

长、生病,然后死亡,都是我们的宿命,没有人为干预的余地。世间所有,都会随条件不断变化,也是早已"注定",完全与我们的期望无关。

像这种与人的期望无关、早已注定的事,想也没用,不要再想,就当作不可思议,即不去思考和理解。

这个世上,充满了无数的不可思议。其中,与我们最相关的就是"出生于世"这件事。我为什么出生于世,而且生而为我?这个问题,想了也没有答案。已经出生于世的明确事实,就是想也没用、已经注定的不可思议。

自己的出生,是无法改变的现实和真实,只能"既来之,则安之"。接受自己不可思议的生命,开朗地活下去吧。

76
追求便利，要有"到此为止"的觉悟

与七十岁以上的人谈话时，经常会听到他们说："现在的生活，真是太方便了。"一些年轻人原本应该有的重要经历（主要指劳动方面），因为社会变得便利，而失去了体验的机会。他们想要表达的，应该是这个意思。

因为有了汽车，我们不必走路；农产品没有季节限制，所以无法感受季节的味道；有了电饭锅，我们不再烧柴、用铁锅煮饭。许多长者明明自己也受到了便利的好处，可说出来的话偏偏带着酸味："我们以前那么辛苦，现在的人真是好命。"有时候，我真担心他们会激动地说："这些以前没有的东西，现在也不需要！"

我在这本书中已经多次提到，人觉得苦，是因为不如意。为了减少苦，我们要减少期望；但另一方面，让期望实现，也可能消除苦。"便利"一词，有"符合自己期望"的解释。因此，便利确实也是消除苦的一种方法。以前的不治之症，现在有药可医，甚至是电动椅的发明等，都是毋庸置疑的好事。这个世界，只会变得越来越便利。

不过，追求便利也会衍生弊害。便利的产品不断被研发出来，如果自己没有"到此为止"的觉悟，一味追求更便利的东西，就必须不断升级、更换产品。

我认识一位年轻友人，他家里没有微波炉，想要加热饮品，他就用铁锅和小炉子加热。此外，他也不需要烤吐司机，而是用平底锅煎吐司。

"只要有火就好。人们都会自动聚集在有火的地方，像是围炉里[1]或营火。""我不需要不锈钢锅，也不需要不粘锅，有铁锅就好。朴素、原始的东西就够用。"

孩子的玩具也一样，比起成品，不如玩积木。黏土更好，比积木更有利于开发想象力和思考力。

"总是使用这么便利的东西，自己会不会堕落？"经常自我检讨，偶尔也试着抛开"追求更便利"这件事。

---

1 日文写作"囲炉裏"。传统和式住宅中，会在地板下挖开一块四方形的空间，铺上灰烬，用来燃烧木炭或柴火，可作为暖房或料理器具。

77
自以为"正确",只是你认为

有些人的思维结构是这样的:认为自己正确→周围的人(世界)不认同我的正确性,也不想知道正确的事→周围的人(世界)错了→错误的周围人(世界)应该灭亡→摧毁也无妨。很多时候,这种武断又恐怖的思想,会生发出许多偏激行为。

我们往往认为自己没错、想法很正确。正是因为有这种信念,日子才能过下去。即便如此,还是会有很多人无法认同。问题就出在这里——周遭的人不认同我,是他们的错。觉得自己才是对的,不认同自己的人都错了,心里就会产生厌恶感,从而感到痛苦。

"虽然我觉得自己是对的,但是每个人的价值观都不一样,一定会有人不认同。"我们应该这样想。

我希望"无论何时,发生何事,都可以保持内心的平静"。三十岁以前,我以为世上所有人都这样想。后来我才知道,不少人认为内心常保平静很无趣,每天被喜怒哀乐充满的人生,才刺激有趣。由于我觉得自己是对的,所以认为他们的想法很愚蠢。这时,我会意识到内心的变化,并告诉自己:"这样下去,我就会轻视他人,从而对他们产生厌恶感。"自以为正确,却得不到周围人的认同,就轻视、厌恶别人,希望我们都别再这么做了。

78
听到批评,
你是反驳派还是发怒派

一旦被批评,有些人会马上反驳,或是勃然大怒,有些人则是陷入沮丧。这就是大家常讲的"抗压性低"。

"反驳派"和"发怒派"都是因为情绪激动,往往会脱口而出"你根本什么都不懂"或是"你也好不到哪里去"来反击对方。要是对方不清楚详细情况,就对你加以批评,他是见树不见林。其实,你大可不必逐一说明或耐心解释,期待对方能了解。此外,用"你也好不到哪里去"来反击对方,不也是五十步笑百步吗?双方都只是徒费唇舌罢了。

后来,我变成了委屈向内吞的"沮丧派"。一旦被人批评,当下我会自我否定,觉得很受伤。这时我会不自觉地想:比起被否定,被忽视才是更让人难过的事。

但是,一定要禁得住批评。同时也要记住"批评是宝贵的建议"这句话。"原来如此，当时的批评也不是全无道理。我也有需要反省的地方。对方不是否定我，而是在提醒我。"

面对批评和忠言逆耳，该如何消化？根据经验，我发现一件有趣的事：如果很信任对方，通常能把话听进去；但如果对方是自己不信任或讨厌的人，就会想要反驳。

信任的人批评自己，倒也无妨，但问题往往出在不信任的人批评自己上。这件事困扰了我很多年，直到年过五十，我才想到处理的好办法。

"批评是宝贵的建议。"睡觉前想想这句话，三天过后，等我想通此道理，就可以做到不以人废言，把讨厌的人和他说的话分开看待。

如果是被自己信任的人说"光用一张嘴批评，真是太不负责任了"，我应该会认同和接受。既然如此，我讨厌的是说话的人，而不是他说的话。如此一想，也就释怀了。当因为被否定而陷入沮丧时，我都是用这种方式让自己恢复心情的。

面对批评和忠言逆耳，与其反驳，不如当作磨炼自己的机会。

79
晴天以外，就是"坏天气"吗

在日本，人们对太阳和月亮极度尊崇，因此把太阳称为"御太阳"，把月亮称为"御月亮"。米饭和味噌汤等日常食品，也都满怀敬意地加上"御"字。

对于"天气"一词，人们也会加上"御"字以表示重视。这是被天气等自然现象左右着生死的日本人对大自然的敬畏之心。

众多天气中，许多人会用"今天天气真好"来形容晴天。翻开字典，可以看到秋晴、五月天晴、晴空万里、晚晴、雪后天晴等词语。这些词语都是形容内心毫无芥蒂、爽朗，还有非常愉快的意思。

难道说，晴天以外的天气就是坏天气吗？

并非如此。虽然温度和湿度会对身体造成影响，但如果沉着脸说"真讨厌",那就太可惜了。所谓"五风十雨",就是五天刮一次风、十天下一次雨,有利于农作物生长,后来延伸为"风调雨顺、国泰民安"的意思。风和雨,都是上天赐予我们的恩惠。

人们赋予雨、风和雪许多亲近的称呼,也是因为如此。

丧礼时下的雨,称作"泪雨";插秧时节下的雨,称作"取水雨";富士山封山前后下的雨,称作"御山洗"[1]。

初春花开时节吹的风,称作"花信风";夏季吹拂莲花的风,称作"荷风";秋季陪着雁鸟南飞的风,称作"雁渡风";初冬吹起的强风,则称作"木枯风"。

下雪时,仿佛以白色粉末为景色化妆,称作"雪化妆";春天将近,仿佛对冬天恋恋不舍一般下的雪,称作"残雪";从降雪地吹来的雪,称作"风花"。

---

[1] 富士山每年仅七月至九月初开放登山,因此称封山前后的雨为"御山洗",意指洗去众多登山者秽气的雨。

而"晴耕雨读"一词，表示人们跟随天气变化改变作息，并且乐在其中。

如果有所谓的"不如意事项一览表"，天气一定会与生老病死齐名并列。

但是，别因为无法掌控的天气而影响了心情。让心放晴，无论天气是晴、雨、雪、风，都乐在其中吧。

80

期待别人的帮助，
不如自己做

"就算自己不做，也会有人帮我吧？"与家人或室友同住，许多懒散消极的想法就会冒出来。比如打扫浴缸、擦窗户，还有负责做饭等家务，总有人会想："应该会有人帮我做吧？"

这样真的好吗？事情总得有人做，自己不做，肯定就是别人做。别人一直帮自己做事，还装作不知道，固然是可恶的；但如果只有感谢，却不知回报，也等于在表示"我只是拿我该得的，这是我的权利，但我没有义务为你做事"的态度。不用说，这样绝对会破坏人际关系。

有些事情本该由你来做，请为那些替你做事的人想一想。

在我二十五岁时，我的英语口语老师告诉我，美国总统肯尼迪有一句名言："Ask not what your country can do for you; ask what you can do for your country."意思是：不要问你的国家可以为你做什么，你应该问自己可以为国家做些什么。这位老师是在加州出生的日裔美国人，据说她在英语口语教师的面试时，被问及："你对公司有什么期望？"她则借用肯尼迪的话回答："我没有想要公司为我做什么，我只考虑我能为公司做多少贡献。"于是，她被录用了。

有些人基本不思考自己能够做什么，只会嚷嚷着："我忙得要死，你得帮我吧。"想把事情全部丢给别人。另一方面，听到别人的要求，会回答"好，请让我来"的人，表示他不期待别人帮助，自己会想办法完成。

所谓"天无绝人之路"，其实是结果论。要是你从一开始就期待有人来帮忙，最终的结果往往是根本没有人想帮你。

与其把事情都揽下来，再一味地期待别人的帮助，倒不如一开始就不要答应。

自己期待的事，与其寄希望于别人帮忙，不如自己先做，如此才心安理得。

81
不知道就说不知道，勇于承认很重要

要有"勇于承认自己不懂的勇气"。这个道理，学校没有教过，却在我三十岁以后，一直支撑着我的内心。

好讲理的我，在好奇心旺盛的青春期，什么事都要打破砂锅问到底。就连自己和别人的心思，也一定要分析一番。然而，二十五岁时，我参加了一场癌症患者与其家人的讨论会，那次经历带给我很大的转变。

那时，为了治疗和商议对策，大家开始倾向于告知患者罹癌的事实。但癌症在当时还是不治之症，患者被告知罹癌，等于被宣告不久将面临死亡。

讨论会中，有患者问医生："为什么我会罹患癌症？"医生则斩钉截铁地说："就算知道原因，癌症也好不了。"听到这个回答后，同座的老和尚说："不知道原因，就说

'不知道',勇于承认很重要。"

"为什么我出生在这个时代?""为什么我生而为男（女）?""人生有什么意义?"找不到答案的时候,就坦然表示"不知道"吧。坦承自己不知道需要勇气,但是,与其纠结想也没用、烦恼也没用的事,不如坦然接受现实,接着思考如何应对、该采取什么行动,才更重要。

82
不会说好话，
那就说实话

偶尔有人夸我"很会说话"。当下我会打哈哈回应："我不是会说话，只是会说好话而已。"

某次，朋友问我："要怎么做才可以像你一样，在人前这么会说话？"我讶异地回应："你在人前无法好好说话吗？"他摇头回答："不能。"我又问他："那在家人和我面前，也不行吗？"他回答："那倒可以。"然后，我就战他："你的意思是说，我和你的家人都不是人吗？"（像我们这种"会说好话"的人，不要期待我们也会"好好说话"。）

说自己不善言辞的人，似乎都误以为说话有什么特殊技巧。其实，说话并没有什么特殊技巧。

"不是这样的吧。演讲的时候，许多人不是都说得很好吗？例如，懂得说'承蒙主持人介绍，我就是×××'，或是'虽然准备得不是很周全，但请容我代为说几句话'等，让人感觉礼数很周到。"或许有人会这样想，但这其实是典型的误会。

在主持人介绍后发表演讲，又提一次"承蒙主持人介绍……"其实很多余。明明是很棒的致辞，却还说"请容我代为说几句话"，像我这种爱唱反调的人，如果在台下听到这句话，真的很想吐槽。这种说话方式看似为对方着想，实际上是过于在意对方的想法。其实，只要把自己的想法坦白出来就好。

有些人的性格很别扭，收到礼物的时候甚至还会说："我又没说我想要这个。"打个比方，用力打一下小腿前侧，没人会说"好痒"，都会说"好痛"，对吧？这就是实话实说。没必要在意起承转合，人品才是说话的根本，是最珍贵的。不要太在意别人怎么想，即使嘴巴有点笨也没关系，把自己所想如实说出来就好。

或许有人会想：说话太过直白难道不会伤到对方吗？话语会造成伤害，是因为你心里想的，已经是伤害对方的内容。你只能修养自己的心，使它不要伤害到别人。

83
好好活着,
就是报答父母的养育之恩

自孩子有意识起,父母能为孩子做的事有哪些呢?

孩子到了两三岁时,可以自己思考,也可以自己走路。但如果没有母亲,他就不知道什么时候该吃饭。

父母被邀请到别人家做客,主人用饼或肉来招待,然而父母不吃,想着带回家给孩子吃。十次受邀做客,九次带点心回家给孩子,孩子当然很高兴。但是,如果有一次忘记带点心给孩子,孩子就会故意大哭,开始责怪父母。

孩子长大成人了,开始亲近友人、重视仪表、讲究穿着。因此,父母宁可自己穿着破旧的衣物,也要给孩子穿绢棉的新衣。孩子外出,父母就殷切叮咛,担心他生病。父母一直记挂着孩子的去处,满脑子都是孩子的事。

关于小时候的事，我还记得很清楚。但当时的我，只知道把父母给我的一切照单全收，无法察觉潜藏在他们的举动背后的心思。

察觉到父母的恩情，却无法尽孝，会让别人觉得自己很不孝吧。尤其是有些人需要照顾父母，却出于种种原因无法妥善照顾他们，更是会自我苛责。

不过，孩子也有孩子的生活。如果孩子生活有余裕倒还好，要是经济拮据，又无法腾出时间来照顾父母，弄不好两边可能都会倒下。想必父母也不希望这种情况发生。面对这种情况，父母和孩子要有共识。

照顾父母，即使经历过"我只能尽力做到这里"的无奈，也都是孝行。好好活着，就是报答父母的养育之恩。

84
变老很正常，失衡的是你的心

许多长者常说"真不想变老"，千万不要信以为真，那都是骗人的。年纪变大的好处明明很多，却选择视而不见，只会搜集一堆缺点，把自己装得像是希腊悲剧的主角。

"请大家看看悲惨的我。没有体力、气力，也没有钱，垂垂老矣的人生，到底还有什么意义？有人说：'人生不是那些你没有完成的事，而是你已经成就的事。'即使回顾过去，那些成就也已经作古。衰老的打击，连力气都不如蜉蝣和朝露，等着我的，只有曝尸于地的悲惨命运。"

不只上了年纪这件事，任何事情如果只看缺点，都有失公允。而这是内心已经失去平衡的表现。一味地为失去的东西哀叹，就意识不到在失去的同时，也获得了其他东西。

与友人度过愉快时光的人，了解友情是多么珍贵，正因为如此，当他们上了年纪，就不会轻易背叛。经历过痛苦、悲伤的事，甚至到了眼泪会打湿枕头的程度，上了年纪后，再遇到同样的事，就可以微笑看待。

"这个秘密我要带到坟墓里去。"原本心里决定不说的事，上了年纪就可以笑着说出来。

悲伤不会永远持续，痛苦也会过去。这些东西，在上了年纪、历尽沧桑以后，就会逐渐烟消云散。

对此感到怀疑的人，不妨回想自己小时候曾有过的讨厌经历，就好像黑白棋游戏中的黑子已经转换成白子一样，想起来还觉得颇为怀念吧。那是因为，现在的你已经可以冷静地看待过去，看清事物的真貌。

经历了许多事情，好不容易走到现在，却还说着"真不想变老"，不觉得很空虚吗？

我觉得变老很好，这是真实又极其自然的事。

85
视若无物，方能视生死为无物

太田南亩是江户后期的狂歌[1]师，别号蜀山人，他在死前咏了一首诗歌："直到现在，都还觉得，死是别人的事，我要死了吗？无法接受。"

从社会心理学来看，一直以来都是听到第三人称的死亡，这次竟然轮到第一人称的死亡了，就可能出现这种诚实的反应。

日常生活中，我们往往把"他人的死""亲近之人的死""自己的死"分开来思考。我们每天从报纸、电视新闻上得知的第三人称之死，对某些人来说，是第二人称之死，而对死亡的本人来说，则是第一人称之死。

---

1 一种以讽刺、滑稽为主要特点的五句体诗歌。

我的父亲是僧侣,自从罹患肝癌,他感觉死亡就在自己身边,他看透了死亡,还留下了很多文字。

一段题为"来生之歌"的短文,内容如下:

> 生命不是死亡就终结,在浩瀚无垠的世界里,任何准备都无用,转瞬间已是来世。

父亲是在告诉自己,要顺应生命连续的法则,不要担心。

另一首题为"密严风光"的诗里,父亲回想以前彻夜玩捉迷藏的时光,认为死亡就像游戏结束,回到温暖的家一样。

> 天黑了,在发光的河边玩捉迷藏;朝日升起,在生命的森林里玩躲猫猫。

他在另一篇短文上也潦草地写下感言:

心存生死，就否定生死，无视生死，超脱生死。视若无物，方能视生死为无物，自然就无须否定生死。

父亲在1995年3月23日写下这段话。隔天，他就在家人面前，神采奕奕地宣布："从今天开始，我要神清气爽地生活。"

86
我总是跟人们说，请带孩子去扫墓

人死不能复生。就算多么舍不得，哭泣、叫唤也改变不了事实。我们不知道死亡为什么发生，但它就是发生了。

其实，人从生下来，就开始朝死亡前进。"如果人终会一死，那不如不要出生。"以前的我，会有这种毫无建设性的无聊想法。这种想法，和吃饱了肚子也还是会饿，就干脆不要吃，或者鞋子总会脏，就不必擦干净一样。现在想起来，生命就好像"老鼠炮"，在原地转个不停，最后嘣一声自己爆裂，很是可爱。

人类为了接受和放下死亡，创造出许多无法证实的空想和假设，认为除了这个世界，还有其他世界（次元）。

人们各自通过小小的体验，慢慢建立这些假设。比如去扫墓的孩子，往往会双手合十。他们的内心存有"人就算死了，也不会化为虚无"的想法。所以，我总是跟人们说："请带孩子去扫墓。"

"抱歉，那天我要去扫墓。"为了这个原因而婉拒朋友邀约的年轻人有一种人性的温暖。他们珍惜与亡者的缘分，内心往往充盈饱满。

这样的人，他们知道人死不能复生，但同时也了解，死亡不是化为虚无。他们知道，死去的人不孤独，有浩瀚的存在会守护他们，所以觉得安心。这种安心，可以让人在面临今世的离别时，减轻失去的痛苦。

能够以这种觉悟看待自己以外的死亡，即使某天面临自己的死亡，也不是虚无地放下，而是会有大觉悟。

目送旅人离开后，告诉自己"我也该做好自己的事"，接着坦然迈步前进，是一样的道理。

87
心若平静就是善，心若变乱就是恶

三十岁、四十岁、五十岁，我的生活应该如何？到了六七十岁，我又应该是怎样的？人往往对自己的人生有所规划。有些是客观推测，有些则是自己的期望。

我认识一位妇人，结婚才五年，丈夫就去世了，她原本规划的美好人生都成了泡影。而另一位妇人，满心期待老年时可以随心所欲做自己喜欢的事，没想到丈夫却病倒了，她每天要做的事情就是照顾丈夫，她说："人生不应该是这样的吧！"

某些人会因为一些不可抗力，被迫重新规划人生；而有些人，则是因为行为不检点、过着纸醉金迷的生活，做事之前又不会好好思考，才走上意料之外的人生道路。

二十多岁时，我还没什么感受。到了三十岁，我的内心开始觉得很喜乐。直到四十九岁,我开始写书,这都是我做梦也想不到的事。将来的日子,一定还会陆续发生预想不到的事。

这些预想不到的事,究竟是好事还是坏事,要遇到了才知道。随着时间的流逝,心如果变平静就是善,心如果变乱就是恶。即便如此,如果有其他条件的影响,情况逆转的可能性也很大。这就是世事没有亘古不变,诸事皆空的道理。

看到别人的人生好似一帆风顺,即使心中无比羡慕,那又能怎样?别人的人生,再如何羡慕也不会变成自己的。

想要一帆风顺,必须学会顺应风势,改变帆的方向。如果只是一味抱怨、不知变通,最终只会落得帆破、船桅断折的下场,什么事都做不了,还无济于事地抱怨:"这件事不该如此啊。"

我们该如何随机应变?"想看繁花盛开,就走上无人小径。"内心要保有余裕和自由,此路不通,那就找别的路走吧。

88
人生跟考试一样，只求60分及格就好

人生没有排练的机会，一上场就是真实演出。由于没有排练，就难以预测会发生什么事；即使能事先预测，事情也不一定就按常理出牌，所以失败在所难免。我就是这样看待自己的人生的。

我们的每一天都像是考试，测试着迄今为止的成果。我们要有心理准备，不一定能获得高分。如果可以充分发挥所学的知识，那是最好不过的。然而，明确了解自己错在哪里、为什么会错，才是最重要的。

考试答对的地方，就是已经懂了，不必再费心学习。弄清楚现在的自己，哪里还不懂、哪里还不会，再针对那些部分进一步学习就好。

面对考试结果的这种心态，是一位前辈教我的，我

们以前都曾加入小学的家长教师联合会，他还当过会长呢。而当时的我已年过三十。

这种自觉不足的想法，要是我在小学或中学时就知道，大概就不会像日本漫画《哆啦A梦》中的大雄，或是动画片《海螺小姐》中海螺的弟弟鲣男一样，只把分数高的试卷给父母看了吧。而且，也不会拼命隐瞒自己的缺点。

直到现在，我仍然乐于检讨自己的不足。有时候，我还觉得自己的言行和想法，应该谦逊一些。

言行谦逊，对我来说就是满分。能够笑眯眯地对人说一声"早安"，就是满分；与共同度过一段时间的人别离时，说完"下次见"，还能再加上"今天很愉快，期待下次再会"，就是满分；在餐厅结束用餐，在座位上对食物说声"多谢招待"，而不只是在收银台对服务人员说，就是满分。

因为不是每次都能够做到，所以我是60分，但目前我也只能做到这样。剩下的40分，我想花一辈子去达成。